《防止直流输电系统安全事故的重点要求》
条文释义与学习辅导

《〈防止直流输电系统安全事故的重点要求〉
条文释义与学习辅导》编委会 编

中国电力出版社
CHINA ELECTRIC POWER PRESS

图书在版编目（CIP）数据

《防止直流输电系统安全事故的重点要求》条文释义与学习辅导 /《〈防止直流输电系统安全事故的重点要求〉条文释义与学习辅导》编委会编. —北京：中国电力出版社，2023.3
ISBN 978-7-5198-7647-0

Ⅰ．①防…　Ⅱ．①防…　Ⅲ．①直流输电–电力系统–安全事故–事故预防　Ⅳ．①TM721.1

中国国家版本馆 CIP 数据核字（2023）第 044744 号

出版发行：中国电力出版社
地　　址：北京市东城区北京站西街 19 号（邮政编码 100005）
网　　址：http://www.cepp.sgcc.com.cn
责任编辑：吴　冰（010-63412356）
责任校对：黄　蓓　马　宁
装帧设计：郝晓燕
责任印制：石　雷

印　　刷：三河市万龙印装有限公司
版　　次：2023 年 3 月第一版
印　　次：2023 年 3 月北京第一次印刷
开　　本：787 毫米×1092 毫米　16 开本
印　　张：10.25
字　　数：175 千字
印　　数：0001—1500 册
定　　价：88.00 元

国家能源局综合司文件

（国能综通安全〔2022〕115号）

国家能源局综合司关于印发《防止直流输电系统安全事故的重点要求》的通知

各派出机构，全国电力安全生产委员会各有关企业成员单位，有关电力企业：

为认真落实党中央、国务院关于电力安全风险管控的重大决策部署，进一步加强直流输电系统安全管理，在全面梳理总结直流工程规划、建设、运行经验与事故教训的基础上，国家能源局编制形成《防止直流输电系统安全事故的重点要求》（以下简称《要求》），现予以印发，即日起生效，同时提出以下工作要求：

一、各电力企业要高度重视《要求》内容，聚焦直流近区电网、直流输电线路、换流站重要设备及人员规范管理等各方面，全面加强直流输电系统安全管理工作，切实保证有关要求在直流工程规划设计、选型制造、基建安装、调试验收、运维检修等全过程各个环节有效执行。

二、各电力企业要做好宣贯培训，保证企业内部相关直流安全管理主体逐级传达到位，并做好《要求》学习培训工作。

三、各电力企业在实施过程中要及时总结分析，持续提炼运行经验和事故教训，如有相关意见建议请及时反馈国家能源局（电力安全监管司）。

国家能源局综合司（印）

2022 年 11 月 28 日

本书编写组人员名单

主　　编	郭贤珊	高锡明			
副 主 编	叶廷路	徐海军	马　辉	刘相枪	王　庆
编制人员	陈争光	刘心旸	张　勇	张　民	张　俊
	钱　海	罗　炜	曾喜闻	王　喆	郭得扬
	王　鑫	桂传林	李　军	杜晓舟	刘辛裔
	黄玉彪	魏靖一	殷　振	陕华平	周利兵
	程　锦	张小亮	许卫刚	薛梦娇	刘俊杰
	贾轩涛	宗　斌	王　绿	李金卜	刘　晨
	张朝峰	杨文明	石　硕	贺霖华	鲁　阳
	芦　荡	徐东东	康　超	樊灵孟	江　一
	冯　鸲	许士锦	徐光虎	张　弛	龙　启
	陈　潜	杨光源	黄忠康	郑扬亮	谢桂泉
	盛　康	陈　名	梁　晨	孙　诚	卢文浩
	李文荣	李凌飞	辛清明	魏　伟	曹润彬
	徐迪臻	黄克捷	杨家辉	彭在兴	谢志成

序 | Preface

　　电力是经济社会发展的重要基础，改革开放以来，我国电力行业高速发展，已逐步成长为全球最大的电力能源生产国、消费国。然而，我国电力能源资源主要分布于西北部地区，电力能源消费中心主要集中在东南部地区，资源与消费的逆向分布，迫切需要安全高效的配置手段以实现大范围能源互济。

　　"风樯动，龟蛇静，起宏图"。高压直流输电因其在远距离大容量输电和电力系统互联等方面的技术优势，已逐步担负起跨区域电力传输的主力重任。自1984年我国首个高压直流输电工程——浙江舟山100千伏海底直流输电工程开工建设至今，经过几代人的不懈努力、积累与探索，特别是近二十年来的厚积薄发，我国已建成世界上规模最大、电压等级最高的高压直流输电骨干网架，直流输电工程的建设规模、设计制造水平和运行管理能力均已达到国际领先。

　　随着高压直流输电系统在电网中占比的不断提升，直流输电系统的运行安全已成为大电网安全的重要一环，在肯定成绩的同时，我们也要清醒看到直流输电技术快速发展所带来的新问题和新挑战。目前来看，直流系统存在三方面主要的安全风险，需要引起高度重视。一是直流关键设备的运行可靠性需进一步提升，因换流变压器、换流阀等核心设备引起的闭锁事故仍时有发生；二是交直流混联系统间相互影响加大，因直流故障引起的送受端电网稳定问题应持续重视；三是柔性直流等新技术应用带来的低惯量、弱阻尼、宽频振荡风险等新问题需强化攻关。为此，2022年国家能源局组织编制印发《防止直流输电系统安全事故的重点要求》（国能综通安全〔2022〕115号），全面梳理我国直流输电工程运行经验和事故教训，总结提炼出防范直流输电系统安全事故、降低直流输电设备故障风险的一系列措施，为电力企业全面加强直流系统运行安全管理提出技术指导和管理要求。

　　《〈防止直流输电系统安全事故的重点要求〉条文释义与学习辅导》是对国家能源局发布文件的细化解读，由六十多位长期从事高压直流输电相关工作的资深专家、技术骨干编写，系统整理了近二十年来直流工程规划、设计、制造、监造、调试、建设和运维等各环节的典型问题和故障案例，深入分析故障机理，对文件的相关条款内容进行了详细注释解析，形成了既科学系统又实用全面的研究成果，为理解文件内容提供了坚实有力的参考依据。

步入新时代，开启新篇章。持续强化以特高压为代表的高压直流输电骨干网架已成为电网企业贯彻落实"四个革命、一个合作"能源安全新战略、统筹发展与安全、积极稳妥推进碳达峰碳中和目标的重要措施手段，高压直流输电必将在新型电力系统建设过程中发挥更为重要的作用。本书的出版发行，为直流输电领域的专业从业人员提供了一本很好的参考书，期待并相信它能够为我国高压直流输电技术的持续安全高质量发展发挥重要作用。

前 言 | Foreword

　　截至目前，我国已建成 48 条高压直流输电工程，其中特高压 18 项、常规直流 30 项，换流站 93 座，总输送能力达到 2.125 亿千瓦，输送容量约占全国装机总容量的 8.6%，直流工程线路总长达到 47 215 千米。直流输电工程作为大规模、远距离输送清洁能源的重要载体，在适应我国能源资源与负荷中心逆向分布、服务"双碳"目标、构建新型电力系统中发挥着重要作用。"十四五"期间，我国直流输电将迎来跨越式发展新阶段。

　　随着高压交、直流混联大电网的快速发展，直流输电系统与交流电网的联系不断增强，在提升大范围电力资源调配能力的同时，也给传统的电网结构与电网特性带来了重大改变，直流系统对大电网安全的影响愈加凸显。近几年，直流输电系统在保持总体稳定的同时，也暴露出一些新问题、新特征，先后发生换流变压器爆燃、换流阀起火、套管放电击穿等多种类型的严重故障，给直流系统安全稳定运行造成较大影响。为贯彻落实国家安全生产法规制度，强化电网、设备、人身安全管理，进一步提升直流输电系统本质安全水平，国家能源局于 2022 年 11 月正式发布《防止直流输电系统安全事故的重点要求》。《防止直流输电系统安全事故的重点要求》对直流输电工程从规划设计到建设运行的全过程提出管理、技术指导性意见措施共 22 章节 536 项条款。

　　为全面完整地理解《防止直流输电系统安全事故的重点要求》的各项条款，确保对条文内容的权威解读和准确把握，本书编写组以目标和问题为导向，以防范人身伤亡、重大电网事故和重特大设备损坏、确保直流输电系统安全稳定为目标，深入总结近二十年直流输电系统运行情况，梳理提炼直流工程规划、设计、制造、监造、调试、建设、运维等各阶段共 205 起典型设备故障和直流闭锁事故（事件），对相应条款进行了详细的案例解读，分析设备故障机理和闭锁规律，统筹考虑直流工程发展和技术路线差异，组织编制了《〈防止直流输电系统安全事故的重点要求〉条文释义与学习辅导》。通过本书的出版，力争对直流输电领域从业人员起到有效的专业指导作用，推进直流输电系统安全管理工作再上新台阶。

本书编写过程中，得到了国家能源局电力安全监管司多位同志的全程指导；得到了发电集团、行业协会、科研机构、设计单位、设备厂家以及行业内专家的悉心指导和鼎力支持。本书即将出版之际，谨对参与和支持本书编辑出版的领导、专家和同志们致以深切的感谢和崇高的敬意。

随着新型电力系统建设的深入推进，直流输电系统新技术在不断发展，对新技术的认知水平也在不断加深，直流系统运行经验和重点要求仍需不断总结。本书中的相关条款在执行中有待进一步检验，如有疏漏恳请读者批评指正，如有不妥请向本书编写组反馈。

编　者

2023 年 1 月

目 录 | Contents

1 防控电网运行风险

近年来，直流系统在大电网运行过程中暴露出的主要问题包括：

1）交直流系统稳定特性日趋复杂；

2）直流群可能成倍放大对电网的冲击；

3）高比例新能源加剧交直流故障连锁反应。

为防范上述问题，本章主要对常规直流工程送受端系统的支撑能力、常规直流换流站交直流设备及直流近区新能源设备耐压能力、新能源多场站短路比、电网馈入直流规模等关键点进行了规范，提出了相关要求。

1.1 规划设计阶段

1.1.1 直流输电系统的规划、设计，应根据性质作用、功能定位、系统需求确定技术路线、输电容量、电压等级等。应满足交、直流相互适应、协调发展的要求。

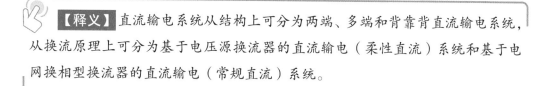

【释义】直流输电系统从结构上可分为两端、多端和背靠背直流输电系统，从换流原理上可分为基于电压源换流器的直流输电（柔性直流）系统和基于电网换相型换流器的直流输电（常规直流）系统。

1.1.2 合理控制单一直流规模，直流输电的容量应与送受端交流系统的短路容量匹配。

1.1.3 为保障直流换流站接入交流系统能满足直流额定容量电力的汇集或疏散要

求，送受端交流系统应进行科学分层分区，并注重各电压等级，交、直流，源网荷统筹协调发展，换流站应尽量选择短路比（多馈入短路比）较高接入点，对于多馈入直流受端系统，应尽量分散落点，完善落点近区交流主网架。

1.1.4 为提升常规直流输电工程送端系统的支撑能力，宜在换流站近区电网配套建设一定规模的常规电源，加强近区交流网架，保证直流近区交流线路短路、跳闸和直流闭锁、线路短路等故障扰动期间送端过电压水平不超过交、直流设备耐受能力。

【释义】直流闭锁、再启动或者换相失败期间，随着直流有功功率的变化，直流换流器消耗的无功功率也会变化，在换流站交流滤波器投入不变的情况下，直流系统会向交流系统吞吐大量的无功功率，此外，送端有功线路潮流回退，也将产生大量无功盈余，导致暂态过电压问题。换流站暂态过电压可能达到 1.3p.u.，超过换流站设备的承受能力，易造成设备损坏。直流送受端出现暂态过电压和电压稳定问题的本质是送受端电网支撑能力不足。需要进一步加强送端支撑能力，确保直流近区交流线路短路、跳闸，直流闭锁、线路短路等故障扰动期间送端过电压水平不超过交、直流设备耐受能力。

1.1.5 对于新能源多场站短路比不足的系统，应通过在新能源场站加装分布式调相机等方式，提升直流近区新能源场站的支撑能力，保证新能源发电单元升压变压器低压侧的新能源多场站短路比在 1.5 及以上。合理安排直流和新能源运行方式，防范直流故障引起新能源连锁脱网。

【释义】执行现行国家标准《电力系统安全稳定计算规范》（GB/T 40581—2021）的有关规定：对于新能源多场站接入交流系统情况，新能源发电单元升压变压器低压侧的多场站短路比不应低于1.5，且新能源并网点的多场站短路比不应低于2.0、宜高于3.0。对于新能源并网点的多场站短路比低于3.0的系统，应进行电磁暂态和机电暂态时域仿真计算，校核新能源并网系统安全稳定水平。

1.1.6 为控制直流群连锁故障风险，应充分考虑多回直流间的相互作用，合理控制电网馈入直流规模，优化直流落点布局，宜安排直流分散接入受端系统，降低多回直流间的相互作用。

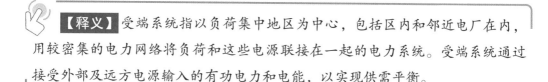

【释义】受端系统指以负荷集中地区为中心，包括区内和邻近电厂在内，用较密集的电力网络将负荷和这些电源联接在一起的电力系统。受端系统通过接受外部及远方电源输入的有功电力和电能，以实现供需平衡。

1.1.7 为保证直流受端系统发生突然失去一回线路、失去直流单极或失去一台大容量机组（包括发电机失磁）等故障时，保持电压稳定和正常供电，不致出现电压崩溃，应在直流受端系统中建设一定规模常规电源（含调相机）或动态无功补偿装置。

【释义】针对单一直流无功冲击导致受端电压稳定问题，提出加强受端支撑能力的要求，保证直流近区交流线路短路、跳闸，直流闭锁、线路短路等故障扰动期间不出现电压崩溃。

1.1.8 柔性直流联网换流站应设计交流侧充电功能，存在孤岛运行工况的换流站应设计直流侧充电功能。

1.1.9 针对含多个换流器的柔性直流换流站，需设计合理的功率转带策略，并与安全稳定装置协调。转带功率的大小和速度应与直流系统的功率和电压调节特性相匹配，尽可能降低换流器故障后的系统功率损失，避免引发直流系统功率盈余而导致健全换流器闭锁。

【释义】某柔直工程在功率升降过程中，由于新能源送端站功率较大，当一个受端站功率指令从 1600MW 降为 0 的过程中，另一受端站因功率转带升至 1600MW，超过该站额定容量（1500MW），造成功率盈余使直流电压持续升高，相关保护出口告警。

1.1.10 针对新能源孤岛接入柔性直流系统，应根据系统需要设计功率盈余解决方案，措施包括但不限于配置耗能装置、控制协调配合策略、稳控装置等方式，以满足系统的故障穿越要求。

1.2 分析计算阶段

1.2.1 直流系统规划、设计、建设、生产运行、科学试验、设备制造中的安全稳定计算分析工作，应严格落实相关国家（行业）标准中的有关要求。

1.2.2 在直流输电工程的可行性研究工作中，应开展送受端系统稳定分析计算，做好电源与电网、直流与交流、输电与变电工程的合理衔接，研究直流工程对整个互联电网系统的影响，并针对存在的问题开展专题研究，明确所需采取的措施，提出安全稳定控制系统的功能设计方案。

> 【释义】为应对直流系统扰动与故障期间有功、无功波动可能带来的送受端交流系统频率、功角、电压稳定问题，在直流输电工程可行性研究阶段，应开展充分的稳定分析计算工作，研究明确直流工程对整个互联系统的影响，从规划设计阶段严格管控直流系统风险。

1.2.3 直流输电工程送受端系统安全稳定计算分析应根据系统的具体情况和要求，进行系统安全性分析，包括静态安全、静态稳定、暂态功角稳定、动态功角稳定、电压稳定、频率稳定、短路电流的计算与分析等。应重点分析交流线路短路故障引起的常规直流输电系统单回直流连续换相失败或多回直流同时发生换相失败现象，并关注次同步振荡或超同步振荡问题，提出必要的解决措施。

1.2.4 直流送受端系统计算分析中应使用合理的元件、装置及负荷模型，以保证满足系统计算所要求的精度。计算数据中已投运部分的数据应采用详细模型和实测参数，未投运部分的数据采用详细模型和典型参数。

1.2.5 应校核相关接入系统继电保护的配置方案和性能，分析直流控制保护系统与相关交流继电保护的协调配合是否满足系统稳定运行要求。

1.2.6 柔性直流振荡风险分析应开展以下工作：

1）交流系统强度和宽频阻抗特性分析；

2）基于换流器的控制特性分析柔性直流宽频阻抗特性；

3）综合评估系统振荡风险；

4）通过优化控制策略调节系统阻抗特性，如有必要可装设幅相校正器等设备。

1.2.7 新能源经直流外送系统，在新能源场站并网前，应组织开展新能源与直流运行特性和振荡专题分析，新能源场站建设单位应向电网企业提供新能源机组电磁暂态模型、机电暂态模型、新能源机组硬件控制器及控制系统参数、新能源场站拓扑结构、新能源场站设备和送出线路参数等资料，用以开展直流与新能源综合系统阻抗特性分析。针对存在振荡风险的情况应制定有针对性的防范措施，落实避免振荡风险的新能源并网技术要求，确保满足与直流协调运行的技术要求，确保不引起振荡。

1.3 选型制造阶段

1.3.1 新建换流站交、直流设备及直流近区新能源设备应具备 1.3 倍最高运行电压下持续运行 500ms 以上的电压耐受能力，防止直流故障扰动期间相关设备发生过电压跳闸。

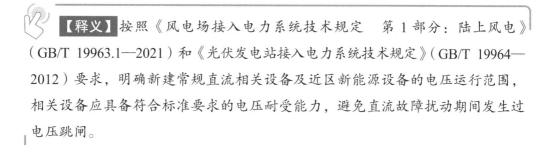

【释义】按照《风电场接入电力系统技术规定 第 1 部分：陆上风电》（GB/T 19963.1—2021）和《光伏发电站接入电力系统技术规定》（GB/T 19964—2012）要求，明确新建常规直流相关设备及近区新能源设备的电压运行范围，相关设备应具备符合标准要求的电压耐受能力，避免直流故障扰动期间发生过电压跳闸。

1.3.2 新能源经直流外送系统，应保证直流近区新能源机组自身并网稳定性，对新能源机组进行硬件在环等必要试验，确保新能源机组能够在较弱电网条件下（短路比不大于 1.5）安全可靠运行。

1.4 调试验收阶段

1.4.1 直流输电系统启动调试前，其控制保护系统性能应能通过实时仿真系统检验。

1.4.2 直流输电系统调试应满足如下要求：

1）联网的直流输电系统应通过直流系统调试，验证其性能符合设计和运行要求。调试报告和实测数据应报相关的电网调度机构；

2）直流输电系统的稳态性能、暂态性能、动态性能应符合相关的国家或国际标准；如有特殊要求，应在工程技术规范书中明确；

3）直流系统的可听噪声、交流侧谐波干扰、直流侧谐波干扰、损耗等指标应符合相关的国家或国际标准；

4）换流站的无功补偿设备，除提供换流器所需的无功功率外，还需滤除换流器产生的谐波，并根据直流输送的功率分组投切。为防止过应力损坏设备，应采用最小滤波器组限制和自动降负荷等措施；

5）存在宽频振荡风险的直流输电系统，应开展振荡风险评估，并根据评估结果采取监测、保护及抑制措施，同时需要对周边新能源机组的宽频振荡风险进行评估，如无法排除宽频振荡风险，应对新能源机组配置监测手段和抑制措施。

【释义】电力系统是一个机械能、电能、磁能相互转换的复杂系统，目前并网换流器的应用及交直流混合输电系统的运行在一定程度上弱化了电网之间的交流耦合，使同步发电机组之间的机电振荡减弱，电力电子设备引起的电磁振荡问题逐渐凸显。要求直流送端近区新能源场站并网前应开展新能源与直流运行特性和振荡专题分析，如存在振荡风险，应制订针对性防范措施。

【学习辅导】2014年，某多端柔直-风电场并网工程在投运过程中，风电场侧交流系统在风电场出力逐渐增大的过程中出现频率20～30Hz的次同步振荡现象，导致柔直系统保护动作、停运，风电场切机。这是由工程中某换流站采用孤岛模式接入风电场运行工况导致的，与该换流站本身容量等级、阀级控制特性和所接入风电场特性相关。问题发生后，经过优化该站阀控环流抑制程序，该问题在2014年得到解决，此后未再发生。

1.4.3 直流近区新能源场站应优化机组动态性能，根据系统安全稳定的要求优化控制参数，提高故障情况下的系统安全稳定水平。

【学习辅导】2019 年 8 月 9 日，英国发生大停电事故，故障前电力电子类电源（风电、直流、分布式电源）出力占比超过 47%，系统转动惯量不足，同时故障过程中集中式和分布式新能源连锁脱网加大冲击，系统频率最低跌落至 48.8Hz。

1.5 运行运维阶段

1.5.1 应加强直流送受端安全稳定控制系统的运行管理，保证故障期间安全稳定控制系统正确动作。

1.5.2 统筹停电检修安排，宜安排直流系统与送受端交流线路同时检修，降低交流线路多重检修对直流系统安全稳定运行的影响。

2 防止直流线路故障

近年来，直流输电线路运行过程中暴露出的主要问题包括：

1）输电通道选址论证不充分；

2）差异化设防水平不足；

3）金具隐患增多；

4）杆塔基础缺陷偏多。

为防范上述问题，本章对通道环境、线路金具、极端天气等原因造成的典型故障进行整理归纳，提出各阶段重点工作要求。

2.1 规划设计阶段

2.1.1 新建线路宜避开采动影响区，在路径规划阶段，提前与沿线政府国土、规划等部门沟通，避开已有及在建的大型建设项目；无法避让时，应进行稳定性评价，合理选择架设方案及基础型式，宜采用单回路或单极架设，必要时加装在线监测装置。

2.1.2 新建直流输电走廊选址选线时，应避免在局部区段密集布置多回重要输电线路。受地形等因素限制确实无法避让的，要做好科学论证，工程建设中同步落实管控措施，有效治理安全隐患。

2.1.3 新建直流输电走廊选址选线时，宜避开重冰区、易舞动区和其他影响线路安全运行的区域。无法避开时，应提高抗冰设计、考虑增设融冰装置及采取有效的防舞动措施，风振严重区域及舞动易发区的导、地线线夹、防振锤和间隔棒应选用加强型金具或预绞式金具。为减少或防止脱冰跳跃、舞动对导线造成的损伤，宜采用预绞丝护线条保护导线。

2.1.4 设计路径规划及杆塔排位阶段应对全线的微地形、微气象区域进行核实，加强对附近已建线路设计、运维、灾害事故等情况的调查，合理确定设计气象条件，并视实际情况采取必要的加强措施，特高压线路耐张塔跳线宜采用刚性跳线。

> 【学习辅导】2020 年 5 月，某 10kV 交流线路三相导线在强风暴雨综合作用下上扬，与正上方某±500kV 直流输电线路导线电气距离不足，导致直流极Ⅰ线路对 10kV 交流线路放电，多次重启不成功。

2.1.5 应加强沿线气象环境资料的调研收集，加强导、地线覆冰、舞动的观测，对覆冰及舞动易发区段宜安装覆冰、舞动在线监测装置。

2.1.6 在特殊地形、极端恶劣气象环境条件下重要输电通道宜采取差异化设计，适当提高重要线路防冰、防风、防地灾、防洪涝、防雷、防污等设防水平。

2.1.7 冰区重要线路在可研前期阶段应开展覆冰专题研究，科学选取设计冰厚，必要时按稀有覆冰条件进行验算，避免防冰能力不足。

> 【释义】当路径选择难以避开中重冰区时，线路地线覆冰后弧垂变大，导线大面积脱冰过程中会发生较大幅度的跳跃，极易因导、地线安全距离不足造成线路跳闸，因此在设计规划阶段，需开展重冰区的线路覆冰专题研究论证。

> 【学习辅导】2018 年 12 月，受导、地线脱冰跳跃影响，某±500kV 直流输电线路极Ⅱ低电压保护动作，80%降压再启动不成功，检查发现故障点处导、地线对应位置均有明显放电痕迹。

2.1.8 新建输电线路采用复合绝缘子时，绝缘子串型应选用双（多）串形式。

2.1.9 新建线路宜避开山火易发区，无法避让时，宜采用高跨设计，并适当提高安全裕度；无法采用高跨设计时，应采取加强通道清理、安装监测预警装置等措施。

2.1.10 严防山火影响重要输电通道导致大面积停电事故,线路路径规划宜避免输电通道过于密集或新增重要交叉跨越点,无法避免时需同步规划修建防火隔离带。

【学习辅导】2020 年 3 月,受通道内山火影响,某±800kV 直流输电线路极Ⅱ故障,在极Ⅱ故障重启期间,极Ⅰ直流线路再次发生故障,根据双极直流协调控制策略,立即闭锁双极,后续检查发现导线上有明显放电痕迹。

2.1.11 高寒地区线路设计时应采用合理的基础型式和必要的地基防护措施,避免基础冻胀位移、永冻层融化下沉。

2.1.12 新建线路存在较高外破风险的区段,设计时应采取限高架、防撞墩、图像视频监控等必要的防外力破坏措施,验收时应检查防外力破坏措施是否落实到位。

2.1.13 鸟害多发区的新建线路应设计、安装必要的防鸟装置。

2.1.14 加强重要线路以及多雷区、强雷区内杆塔和线路的防雷保护。新建和运行的重要线路,应综合采取减小地线保护角、改善接地装置、适当加强绝缘等措施降低线路雷害风险。

【学习辅导】2010~2021 年,某电网公司因直流线路原因造成直流输电工程闭锁累计 42 起,其中雷击造成直流输电工程闭锁累计 21 起,闭锁原因主要表现为多重雷击及雷电强度高于线路绕击耐雷水平。通过减小地线保护角、改善接地装置、适当加强绝缘和加强避雷线运行维护等措施,故障塔位所在塔段未曾重复出现因雷击导致的闭锁事件,未出现因雷击导致的地线断线事件。

2.1.15 防舞动治理应综合考虑线路防微风振动性能,避免因采取防舞动措施而造成导、地线微风振动时动弯应变超标,从而导致疲劳断股、损伤;同时应加强防舞动效果的观测和防舞动装置的维护。

2.1.16 对处于易发生水土流失、洪水冲刷、山体滑坡、泥石流等地段的杆塔,应采取加固基础、加装抗滑桩、锚杆锚索、修筑挡土墙(桩)、截(排)水沟、改造上下边坡等措施,必要时改迁路径。分洪区和洪泛区的杆塔必要时应考虑冲刷作用及漂浮物的撞击影响，并采取相应防护措施。

2.1.17 对于河网、沼泽、鱼塘等区域的杆塔，应慎重选择基础型式，基础顶面应高于 5 年一遇洪水位，如有必要应配置基础围堰、防撞和警示设施。

2.1.18 新建直流线路不应采用拉线塔。

2.1.19 在地形开阔的常年风振区，依据运维经验，端次档距宜小于 33m，最大次档距宜小于 55m，其他次档距宜小于 45m，间隔棒宜不等距、不对称布置，有效防止次档距振荡。

2.1.20 导线耐张线夹应选用液压连接，覆冰区导线耐张线夹上扬时，线夹空腔应进行注脂（采取长效抗老化导电脂）防水处理或开排水孔和通风孔。

2.1.21 对于铁路、高速公路、重要输电通道等重要交叉跨越点，应采用独立耐张段，同时不宜出现大档距、大高差，所在耐张段内杆塔结构重要性系数不低于 1.1，跨越档导、地线不得有接头，压接类耐张线夹应开展 X 光无损检测。

2.2 选型制造阶段

新（改、扩）建工程普通地线宜选用铝包钢绞线，其单丝导电率不应低于20.3%IACS；光纤复合架空地线（OPGW）应采用铝包钢线，最外层单丝直径不应小于 3.0mm。

2.3 基建安装阶段

2.3.1 附件安装时应采取防止工器具碰撞复合绝缘子伞套的措施，不得踩踏复合绝缘子；在安装复合绝缘子时，不得反装均压环。

2.3.2 基建阶段应做好复合绝缘子防鸟啄工作，在线路投运前应对复合绝缘子伞裙、护套进行检查。

2.4 调试验收阶段

2.4.1 加强对新（改、扩）建工程外力破坏隐患的排查及整治，确保工程"零缺陷、零隐患"移交。

2.4.2 新（改、扩）建工程验收阶段，针对耐张塔应逐基测量跳线与塔身安全距离，开展风偏校核，确认是否满足设计规程。

【学习辅导】 2020 年 1 月 6 日，受大风天气影响，某±500kV 直流极 Ⅱ闭锁，检查发现线路 973 号塔极Ⅱ跳线子导线及对应塔身侧脚钉、螺栓及防坠落导轨有明显的放电痕迹。

2.4.3 隐蔽工程应留有图纸、影像资料，并经监理、业主、运维单位质量验收合格后方可掩埋，竣工验收时运行单位应检查隐蔽工程影像资料的完整性，并进行必要的抽检。

2.4.4 对直流线路迁改、技改项目中的交叉跨越点，按照新增交叉跨越隐患的要求，对跨越档的导、地线接头、修补情况、绝缘子双联串、跨越线路与被跨越线路安全距离、耐张线夹及导线接续管 X 光检测报告等内容进行严格验收。

【学习辅导】 2017 年 7 月 7 日，某±500kV 直流线路 1351 号塔极Ⅰ大号侧耐张串右上子导线耐张压接管钢芯严重生锈断裂，脱落的子导线对下方的树木发生放电。故障原因为基建施工阶段导线压接过程中，钢芯表层氧化膜受损，同时大截面导线压接后仍存在空隙，雨水压接管上扬通过空隙进入耐张压接管空腔，长期直流电流加速导线钢芯腐蚀，最终导致钢芯断裂，导线脱落引发直流线路故障。

2.4.5 针对输电线路防冰、防山火、防外部隐患等特殊区段，配置具备智能识别功能的监测装置，加强在线监测设备技术监督、性能检测等工作，确保产品入网质量。对中、重冰区的设备本体，融冰装置等加强交接验收，开展融冰装置、在线监测装置的功能、性能测试调试。

2.5 运维检修阶段

2.5.1 针对在运线路，应积极向地方政府规划部门报备线路路径走向，主动告知已知电力设施的保护区，减少后期外部施工对线路影响。

【学习辅导】2018 年 1 月，某±500kV 输电线路保护区内发生一处爆破作业，炸石导致光缆断股，散落的光缆与极Ⅱ导线安全距离不足，导致极Ⅱ线路故障闭锁。

2.5.2 全面掌握微地形、微气候区域的资料，充分考虑微地形、微气候的影响，合理绘制舞动区分布图及冰区分布图，为预防和治理线路冰害提供依据。

2.5.3 运行维护单位应结合本单位实际制定防止倒塔事故预案，并在材料、人员以及运输上予以落实；并应按照分级储备、集中使用的原则，储备一定数量的事故抢修塔。

2.5.4 加强铁塔基础的检查和维护，对塔腿周围取土、挖沙、采石、堆积、掩埋、水淹等可能危及杆塔基础安全的行为，应及时制止并采取相应防范措施。

2.5.5 对已使用的拉线塔，拉"V"塔不宜连续超过 3 基，拉门塔等不宜连续超过 5 基。如果存在盗割、碰撞损伤、涉电公共安全等风险应按轻重缓急分期分批改造，拉线下部应采取可靠的防盗措施，及时更换锈蚀严重的拉线和拉棒，对于易受撞击的杆塔和拉线，应采取防撞措施。

2.5.6 开展金属件技术监督，加强铁塔构件、金具、导（地）线腐蚀状况的观测，必要时进行防腐处理；对于运行年限较长、出现腐蚀严重、有效截面损失较多、强度下降严重的，应及时更换。

2.5.7 在腐蚀严重地区，应根据导地线运行情况进行鉴定性试验。出现严重锈蚀、散股、断股、表面严重氧化时应及时换线。

2.5.8 运行超过 15 年且最外层单丝直径小于 3.0mm 的直流线路光纤复合架空地线（OPGW），对于关键重点线路，或跨越铁路、一级及以上公路的区段，应更换为最外层单丝直径不小于 3.0mm 的光纤复合架空地线（OPGW）。

2.5.9 运行线路导、地线的档中接头严禁采用预绞式金具作为长期独立运行的接续方式，对不满足要求的接头应改造为接续管压接方式连接。在接头未改造前，现场应加强红外测温，发现异常立即处理。

2.5.10 运行单位应加强山区线路大档距的边坡及新增交叉跨越的排查，对影响线路安全运行的隐患及时治理。

2.5.11 直流输电线路跨越高速铁路时应设立独立耐张段,跨越其他铁路、高速公路,跨越档的拉线塔宜更换为自立式铁塔,具备条件时宜优先改造为独立耐张段。

2.5.12 对于直线型重要交叉跨越塔,包括跨越 110kV 及以上线路、铁路和高速公路、一级公路、一级与二级通航河流等,应采用双悬垂绝缘子串结构,且宜采用双独立挂点;无法设置双挂点的窄横担杆塔可采用单挂点双联绝缘子串结构,双联绝缘子应保持均匀受力。

2.5.13 对已运行输电线路重要交叉跨越点的导、地线耐张线夹和接续管,必要时开展 X 光检测,对发现的问题应及时处置。

【学习辅导】2017 年 7 月,某±500kV 直流输电线路一耐张塔极Ⅰ大号侧耐张串右上子导线的耐张压接管钢芯严重生锈断裂,脱落的子导线对下方的树木发生放电。

2.5.14 对于已运行的输电线路跨越铁路、高速公路等交叉跨越点,应规范做好交叉跨越区段的日常运行维护,全力确保电网、设备安全及公共安全,做好风险联动和运行风险管控,若出现跨越区段导、地线受损断股,应及时更换处理。

2.5.15 应对遭受恶劣天气后的线路进行特巡,当线路导、地线发生覆冰、舞动时应做好观测记录,并进行杆塔螺栓松动、金具磨损等专项检查及处理。

2.5.16 对沿海强风区以及可能造成电网事件的线路,应按照"线路保护区＋500m"区域开展飘挂物隐患排查,动态更新飘挂物风险台账,在台风等大风天气来临前,落实清除、加固、截断等处理措施。

【学习辅导1】2011 年 5 月,某±500kV 输电线路因大风吹起的异物导致均压环对塔材放电,造成线路闭锁。

【学习辅导2】2016 年 7 月,某±500kV 输电线路因大风吹起的异物导致极Ⅱ导线对地放电,造成线路闭锁。

2.5.17 加强对导、地线悬垂线夹承重轴磨损情况的检查，导、地线振动严重区段应按 2 年周期进行检查，磨损严重的应予更换。

2.5.18 更换不同型式的悬垂绝缘子串后，应对导线风偏角重新校核。线路风偏故障后，应检查导线、金具、铁塔等受损情况并及时处理。

2.5.19 线路覆冰后，应根据覆冰厚度和天气情况，对具备导、地线融冰、除冰等条件的线路采取安全可靠的措施以减少导、地线覆冰。对已发生倾斜的杆塔应加强监测，可根据需要在直线杆塔上设立临时拉线以加强杆塔的抗纵向不平衡张力能力，并加装杆塔倾斜在线监测装置。

2.5.20 线路发生覆冰、舞动后，应根据实际情况安排停电检修，对线路覆冰、舞动重点区段的导、地线线夹出口处、绝缘子锁紧销及相关金具进行检查和消缺；及时校核和调整因覆冰、舞动造成的导、地线滑移引起的弧垂变化缺陷。

2.5.21 对历史上发生覆冰受损、设计冰厚取值偏低且未采取必要防覆冰措施的冰区线路应进行防冰改造或融冰改造，提高抗冰能力。

2.5.22 鸟害多发区线路应及时安装防鸟装置，如防鸟刺、防鸟挡板、悬垂串第一片绝缘子采用大盘径绝缘子、复合绝缘子横担侧采用防鸟型均压环等。对已安装的防鸟装置应加强检查和维护，及时更换失效防鸟装置。

2.5.23 应用可靠、有效的智能化在线监测设备加强特殊区段的运行监测；积极开展直升机、无人机巡检。应实现输电线路通道数字化建模，实现线路通道树障隐患精准排查，准确掌握树障信息，开展动态管控。

2.5.24 针对重要输电通道，宜逐步实现视频或图像在线监测装置、精确故障定位、微气象监测装置、三维通道扫描、无人机自动巡检全覆盖。

2.5.25 沿海强风区重要输电线路典型区域应安装微气象装置。重要输电通道、重要电力线路、重要交叉跨越、外力破坏隐患点、山火风险等级三级及以上的隐患点等应安装具有智能识别功能的图像/视频在线监测装置。

【学习辅导】 2018 年 2 月，某±500kV 输电线路极Ⅰ闭锁，1 次全压重启及 2 次降压重启均不成功。巡视故障点发现有一起重机侧翻，经对起重机轮胎及吊臂顶部检查，发现有电弧烧伤痕迹，导线相应位置有明显放电痕迹。

2.5.26 充分发挥地方政府及行政执法部门的作用，通过行政执法手段严厉打击破坏、盗窃、收购线路器材的违法犯罪活动，及时拆除危及线路安全运行的违章建筑物和构筑物。加强巡视和宣传，及时制止线路附近的烧荒、烧秸秆、放风筝等危及线路安全的行为。

3 防止接地极及接地极线路故障

近年来，接地极及接地极线路故障运行过程中暴露出的主要问题包括：

1）对周边设施及环境影响评估不完善；

2）馈电元件设计差异化明显；

3）共用接地极检修方式不灵活。

为防范上述问题，本章主要对接地极对周边环境影响分析、馈电元件选型、共用接地极设计等关键点进行了规范，提出了相关要求。

3.1 规划设计阶段

3.1.1 接地极的选址应综合考虑接地极线路长度、极址技术条件、极址周边相关设施状况和地方发展规划等因素，极址与换流站的距离应满足相关要求，收集不小于 100km 范围内现有和规划的电力设施（发电厂、变电站、线路等）、10km 范围内地上或地下油气管线和铁路等设施资料及地理位置有关的河流、湖泊等。

3.1.2 设计阶段需开展接地极周边涉电公共安全风险专项评估，对入地电流造成长金属导体（金属围栏、通信线路、电力线路、公路护栏、管道、铁路等）产生的转移电位问题，对接地极附近变电站变压器直流偏磁影响，对接地极对变电站接地网的电磁影响，应从入地电流大小、与接地极的距离、长导体长度、接地方式、土壤电阻率等因素，计算入地电流对这些设施产生的不良影响，并明确排查策略及防控措施。

【释义】管道施工时，接地极入地电流可能对管道产生电磁干扰，主要可能引起管道施工段的跨步电压和接触电压超过人体安全限值，威胁施工人员安全，使得管道沿线的设备损坏等。

3.1.3 新建直流工程应做好接地极选址论证工作，严防与油气管网相互影响。建立管道及接地极设计、建造、试验、运维全过程信息的沟通机制，共同保障电网和管道的安全。

【释义】接地极双极运行或单极大地运行时，接地极入地电流可能对管道产生电磁干扰，主要可能引起管道沿线的跨步电压和接触电压超过人体安全限值，使得管道的设备如光传输通信信号设备、运行保护设备（固态去耦合器、牺牲阳极、极性排流二极管、排流接地体、恒电位仪、绝缘接头避雷器等）损坏，管道本体腐蚀、开裂、氢脆等，危害管道的安全运行。

3.1.4 应通过仿真计算评估接地极入地电流对 100km 范围内厂站变压器直流偏磁的影响，评估 10km 范围内地下管线、地下电缆、铁路等的影响，不满足要求时应采取有效的限流、隔直等措施。

3.1.5 不同直流输电系统不应共用接地极线路，不宜共用接地极，以防一点故障导致多个直流输电系统同时双极强迫停运。

【学习辅导】2015 年某逆变站极 I 闭锁期间，整流站接地极线路绝缘击穿，接地极线路接地。而该接地极由两个整流站共用，因此引起两站换流变压器饱和保护动作。

3.1.6 根据极址条件及土壤电阻率参数分布情况通过技术经济综合比较，确定接地极馈电元件布置型式。

3.1.7 新建极址中心导流区宜位于极环内部，中心导流区导流电缆应采取措施防止铠装层产生环流。

【学习辅导】2011 年 11 月，某回直流开展深井接地极挂网试运行试验，垂直接地极在投入状态，深井接地极在退出状态，因中心塔处引流电缆、深井引流电缆相继出现火花及明火，申请直流紧急停运。经分析，故障原因为：馈电电缆两端对地绝缘子效果不佳，有入地电流时导致电缆铠装层中出现环流，密封在钢护套中的铠装层产生高温造成电缆烧损。应明确设计规划阶段要求：新建极址中心导流区宜位于极环内部，中心导流区导流电缆应采取措施防止铠装层产生环流。

3.1.8　应按照差异化设计原则提高接地极线路和杆塔设计标准，提高防风偏、防雷击、防覆冰、防冰闪及防舞动能力。

【释义】目前存在多条直流线路共用同一输电走廊的情况，当出现雷击、风偏、覆冰时，可能引起多条直流闭锁。设计及运维期间应开展有针对性的差异化设计或改造。

3.2　选型制造阶段

无。

3.3　基建安装阶段

应保证极址内各电气设备、电缆的电气接头连接的可靠性。

3.4　调试验收阶段

3.4.1　应进行接地极线路过电流等保护控制策略验证试验。

3.4.2　直流系统调试期间进行单极大地回线满负荷试验时，应测试接地极周边至少 50km 范围内变压器中性点偏磁电流，必要时应进一步扩大测试范围，超过设备允许值时应采取限流或隔直措施。

3.4.3 对设备金属部件进行材质检测，应与供应商投标文件要求一致。

3.5 运维检修阶段

3.5.1 接地极运行单位应提前向接地极周边变电站、金属管廊通报接地极运行计划，变电站、金属管廊运行单位应及时组织开展设备测试或监测。

3.5.2 运行期间应统计接地极使用安时数，累积运行时间不得超过设计总安时数。

4 防止换流变压器及油浸式平波电抗器故障

近年来，直流工程换流变压器及油浸式平波电抗器运行过程中暴露出的主要问题包括：

1）新投运设备故障率高；

2）异常产气问题频发；

3）关键组部件故障频发。

为防范上述问题，本章主要对防爆能力校核、关键组部件检验、安装工艺质量等关键点进行了规范。提出了防止绝缘受潮、绝缘过热、过电压损坏、铁芯多点接地、非电量保护误动等方面的各阶段措施。

4.1 规划设计阶段

4.1.1 新（改、扩）建工程换流变压器网侧套管、阀侧套管温升试验电流应不小于对应绕组额定电流的 1.3p.u.；阀侧套管操作冲击绝缘水平、雷电冲击绝缘水平不低于对应绕组绝缘水平的 1.1p.u.，其他绝缘设计水平不低于对应绕组绝缘水平的1.15p.u.。

【释义】新建±800kV/8GW 直流工程换流变压器套管、分接开关等关键组部件按照 10GW 工程容量要求配置。如选用 6250A 阀侧套管，温升试验电流按照套管额定电流 1.05p.u.开展，非 6250A 阀侧套管温升试验电流按照绕组额定电流 1.3p.u.执行。后续站与当前新建换流站设计水平保持一致，阀侧套管绝缘设计水平不低于换流变压器、油浸式平波电抗器绕组绝缘水平的 1.15p.u.，其中操作冲击、雷电冲击绝缘水平不低于绕组绝缘水平的 1.1p.u.。

4.1.2　新（改、扩）建工程换流站换流变压器、油浸式平波电抗器应进行安全设计评审，开展抗短路、抗震、防爆炸能力设计校核，统筹考虑油箱、相关连接部件的耐爆耐压强度，科学配置压力释放阀（防爆膜）等泄能装置，确保耐爆耐压强度和泄能装置相互配合协调，避免设备内部件发生故障导致设备爆炸起火。

【释义】2018 年以来，换流站相继发生多起换流变压器严重故障，因此，对换流变压器等大型充油设备应进行安全设计评审，开展抗短路、防爆炸能力设计校核等尤为必要。为保证故障泄压能力，要科学配置压力释放阀（防爆膜）等泄能装置，对压力释放阀的布置位置、压力释放动作定值和相应速度等参数应专题研究确定。

4.1.3　换流变压器、油浸式平波电抗器套管升高座与油箱本体应加强结构设计，油箱应能够承受真空度为 13.3Pa 和正压力为 0.12MPa 的机械强度校核或试验，不得有损伤和不允许的永久变形；当换流变压器顶盖与油箱螺栓连接箱沿发生异常发热问题时，应重新校核磁屏蔽及漏磁通量是否满足设计要求；校核满足要求但发热仍无法避免的，可考虑采用焊接方式。

【学习辅导】油箱是大型电力变压器的重要组成部分，需满足变压器真空注油的负压力和运行中的正压力，当油箱强度不足而产生变形时，法兰盘、管路、定位件等也会随之产生变形，密封性和安装精度都会受到影响，因此对换流变压器、油浸式平波电抗器油箱强度考核要求进行了加强。

2017 年 6 月 27 日，某站大负荷试验期间现场红外测温发现极Ⅰ高端 Y/D-C 相、极Ⅱ高端 Y/D-A 相换流变压器油箱箱沿出现局部异常过热现象，油箱箱沿发热是由于箱盖连接处螺栓锈蚀导致接触不良，箱盖和油箱在两柱线圈相间漏磁叠加较强作用下产生环流而造成的局部发热。

4.1.4 换流变压器、油浸式平波电抗器设计时，应采取措施保证接线端子与压接引线具有足够载流接触面，同时防止引线屏蔽管、器身内部、油箱局部区域等形成油循环死区，造成局部油温过热。

【学习辅导1】 自 2009 年 12 月投运以来，某站单元Ⅱ换流变压器均存在不同程度的总烃及氢气增长，2020 年 9 月返厂解体后发现，故障换流变压器发热主要原因是阀侧引线的圆柱形接线端子与引线"坑压"冷压连接方式工艺质量不良，同时阀侧引线水平屏蔽管内部油流不畅，引发过热产气（如图 4-1 所示）。

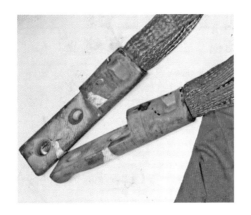 

图 4-1 接线端子与引线压接采用坑压冷压连接

【学习辅导2】 换流变压器设计时应考虑实际操作生产工艺，防止操作工艺要求满足不了设计要求，形成油循环死区，造成局部温度偏高。某站高端换流变压器阀侧绕组热点温升超标，故障原因为阀侧绕组原设计方案对工艺实现要求较高，但实际操作具有随机性，阀绕组导线绝缘纸实际包扎较松，导致绝缘纸热膨胀堵塞油道。

【学习辅导3】 换流变压器设计时应考虑油路的通畅性。2020 年 5 月 8 日，某站高端换流变压器箱盖热点温升超标。故障原因主要为该型号换流变压器箱盖加强筋布置在油箱内部，箱盖部分位置存在油流不畅。

4.1.5 新（改、扩）建工程换流变压器、油浸式平波电抗器应配置带一体成型胶囊的本体储油柜，油重 180t 以下的换流变压器本体储油柜有效储油容积不低于本体油量的 10%，180t 以上的换流变压器本体储油柜有效容积不低于本体油量的 8%；有载分接开关储油柜容积应不低于全部开关油室容积的 50%；本体及有载分接开关储油柜注放油阀应引至油箱下部。

4.1.6 新（改、扩）建工程换流变压器网侧套管升高座应配置独立气体继电器，提高升高座区域故障预警能力。

【学习辅导】某技术路线换流变压器网侧套管升高座未配置独立气体继电器，而是通过管路引至本体气体继电器，由于连接管路长，本体瓦斯反映升高座处故障需要一段时间，为更快速、准确监测升高座运行状态，新（改、扩）建工程换流变压器网侧套管升高座应配置独立气体继电器。

4.1.7 换流变压器阀侧穿墙套管穿墙区域地电位屏蔽罩、升高座及本体之间应确保等电位连接可靠，经换流变压器本体一点接地并满足热稳定容量要求。

【学习辅导】2019 年 9 月 30 日，某站极 Ⅱ 低端 Y/Y－B 相换流变压器阀侧尾端套管穿墙位置温度达到 104℃，检查发现线夹处电缆绝缘皮破损，导致封堵面等电位线和内部金属存在感应电动势，产生环流，引发接触面电阻较大位置异常发热。

4.1.8 新（改、扩）建工程换流变压器、油浸式平波电抗器铁芯、夹件的接地引线应从器身引至油箱侧壁，并通过电缆、铜排等与地网可靠连接，引下线标识清晰，引下线的位置应便于运维人员检测（监测）接地电流。

【释义】运行期间的铁芯、夹件接地电流测量作为判断换流变压器、油浸式平波电抗器内部是否存在故障的重要带电检测手段，且铁芯、夹件接地电流超标反映的是不同类型的缺陷，故应采用不同的标识加以区分，并引出至便于测量的位置。

4.1.9 新（改、扩）建工程换流变压器、油浸式平波电抗器及配套组部件应满足站址环境最低温启动和运行要求。

4.1.10 新（改、扩）建工程换流变压器、油浸式平波电抗器就地控制柜、冷却器控制柜和有载分接开关机构箱应满足电子元器件长期工作环境条件要求且便于维护，防护等级不低于 IP55（风沙地区不低于 IP56）。

【释义】针对高温高湿等地区，应配置容量足够的制冷除湿等附属设备。对于室外温度较高的地区，冷却器控制设备和相关二次元器件应安装在带空调、双层板隔热的户外柜内或室内控制保护柜中。

4.1.11 换流变压器、油浸式平波电抗器优先采用强迫油循环风冷冷却方式，具备自启动、随顶层油温及负载自动分级启停冷却系统的功能，当工作冷却器故障时，备用冷却器能自动投入运行。换流变压器冷却器应配置手动强投功能，当失去一路电源且电源切换装置故障或控制回路异常等导致冷却器全停时，通过手动强投恢复冷却功能。

【释义】冷却器电源切换回路设计强投旁路功能，并具备根据换流变压器油温、负载电流自动投切冷却器组的功能。部分换流站换流变压器、油浸式平波电抗器冷却器电源未设置手动强投功能，当失去一路电源同时电源切换装置出现故障，将失去冷却功能，此时应通过手动强投恢复冷却功能。

4.1.12 换流变压器、油浸式平波电抗器内部故障跳闸后，应自动切除潜油泵。

【释义】本体故障后潜油泵继续运转将导致内部放电产生的金属颗粒进入线圈，增加检修难度。

4.1.13 新（改、扩）建工程换流变压器、油浸式平波电抗器作用于跳闸的非电量保护继电器应配置至少三副独立跳闸接点，作用于报警的非电量保护继电器应配置至少两副独立报警接点。

【学习辅导】避免作用于跳闸的非电量元件采用"二取一"原则出口时，单接点误动造成直流强迫停运。2003 年以来，由于非电量跳闸元件接点误动导致直流强迫停运 13 次。2004 年 7 月 17 日，某站因极Ⅱ Y/Y－B 相换流变压器分接头 1.5 气体继电器只设置了两副独立的跳闸接点，采用"二取一"出口方式，A 系统接点受潮绝缘降低导致极Ⅱ强迫停运。

4.1.14 换流变压器有载分接开关操动机构和二次回路故障后应切断有载分接开关电机电源，不应直接跳开换流变压器进线断路器。

【释义】换流变压器有载分接开关操动机构和回路故障后，应切断有载分接开关电机电源，由极控系统响应停止有载分接开关操作，或由相应保护动作出口闭锁直流，而不应该直接跳开换流变压器进线断路器。

【学习辅导】2003 年 7 月 20 日，某站极Ⅱ换流变压器有载分接开关紧急跳闸回路异常导致极Ⅱ闭锁，闭锁原因为该回路使用动断（常闭）接点且动作后果设计为直接跳开交流 500kV 进线断路器。

4.1.15 换流变压器、油浸式平波电抗器油路设计或油路改造时，应对气体继电器、油流继电器、压力释放阀等非电量保护的动作定值进行校核，防止非电量保护误动。

【释义】在换流变压器、油浸平波电抗器油路设计时，应对非电量保护（油流继电器、压力释放阀）的动作值进行计算并提出要求，油流继电器、压力释放阀出厂时应对其动作值按设计要求进行核对检查，防止特殊工况下误动。某站换流变压器增加 Box-in 后加长了冷却器油路管道，油路有所改变，但未对油流继电器保护动作定值重新进行计算整定。

【学习辅导】2007 年 4 月 18 日，在系统电压变化后某站换流变压器有载分接开关自动调节，虽然有载分接开关内部无异常，但变压器油路改变、油流继电器定值未修改，有载分接开关频繁动作后导致保护误动。

4.2 选型制造阶段

4.2.1 换流变压器应加强线圈柱间连接导线固定、等电位线绝缘防护，且能避免振动摩擦造成绝缘防护损坏，防止带电运行过程中由于导线移位、绝缘受损等因素造成局部环流、过热产气。

【学习辅导】近年来多座换流站相继发生阀侧线圈柱间连线（手拉手结构）由于带电过程中导线移位、绝缘受损等因素形成局部环流、过热产气（如图 4-2 所示）。

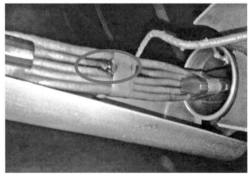

图 4-2 阀侧柱间连线存在烧蚀

4.2.2 器身装配时，应采取防护措施防止硅钢片绝缘漆膜破损，避免引发局部片间短路。

【释义】器身绝缘装配过程中应加强插铁工艺控制，减少人为操作引起的故障。2015年8月20日，某站换流变器身装配时，检查发现上铁轭端面第4级磕碰损伤，局部片间短路。原因为插片时操作防护不当，夹刀碰伤上轭端面所致。后修整受伤硅钢片，片间加垫绝缘纸片，经检测片间无短路，符合要求。

4.2.3 换流变压器、油浸式平波电抗器应在厂内开展全部组部件试装，检查汇控柜控制功能、元件性能满足设计要求，防止运抵现场后出现联管尺寸不匹配、组部件干涉、温度计毛细管长度不满足要求等问题。

4.2.4 应在厂内对换流变压器、油浸式平波电抗器选用的绝缘成型件开展 X 光检测并存档备查，出线装置制造前对成型件开展 X 光检测并存档备查；应对套管、出线装置等关键组部件和原材料进行抽检，对于缺少试验项目或不符合标准要求的进行补充检测，对存在批次质量问题的产品进行更换；线圈绕制、器身装配、产品总装等阶段应做好作业环境控制、等电位线安装等质量检查，拆装时应核查出线装置内表面是否有磕碰损伤痕迹并存档备查，运输时应核查出线装置固定工装是否牢固、分布是否合理，防止运输受损。

【释义1】对近年来各换流站在运换流变压器运行情况的分析结果显示，故障原因主要包括：内部绝缘件存在缺陷导致异常产气，内部紧固螺栓松动导致异常产气，铁芯、夹件存在异物或杂质，网侧套管拉杆与底部接线端子松脱，有载分接开关故障、匝间短路故障等。

【学习辅导1】2018年6月4日，某站极Ⅱ低端 Y/Y－B 相换流变压器故障，返厂检修发现为网侧线圈制造工艺不良导致运行期间匝间短路。

【学习辅导2】2018年5月27日，某站换流变压器在并网运行后乙炔超标。内检发现屏蔽棒接地螺栓松动脱离夹件螺孔，导致屏蔽棒产生悬浮电位，引起屏蔽棒接地片、螺栓及夹件发生裸金属放电。

【释义2】绝缘成型件和出线装置等应在入厂时进行 X 光检测，避免存在缺陷、破损、松动、安装不牢靠或者存在异物等问题。

【学习辅导3】某站低端角接换流变压器均压球外环绝缘包扎处理后，入厂经 X 光检查，发现内腔支撑错位、开焊以及异物问题（如图4-3、图4-4所示）。发现问题后，厂内对均压环进行了更换。

图4-3 内腔支撑未在应有位置

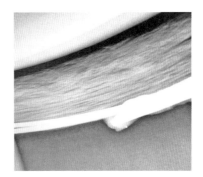

图4-4 内圈焊接处开焊

【学习辅导4】某站换流变压器阀侧操作冲击试验放电，解体检查后发现阀侧成型引线端部绝缘纸浆存在空腔缺陷，导致该处绝缘耐受强度降低，造成对芯柱地屏及拉板放电击穿（如图4-5、图4-6所示）。

图4-5 阀引线出头及角环放电

图4-6 阀引线出头绝缘爆开

【学习辅导5】 做好作业环境控制，检查是否存在破损、异物、杂质进入换流变压器（如图4-7所示）。2020年3月9日，某站换流变压器预局放试验局放超标，排油检查发现柱2网侧上压板浸油孔存在异物，其后通过增加清理吸尘的频次，制定有针对性的管控措施，更换相应绝缘件并复装后复试试验通过。

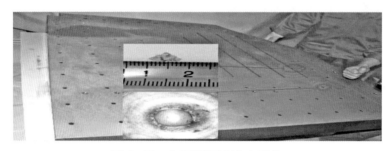

图4-7 上压板浸油孔内异物

【学习辅导6】 某站换流变压器现场安装前检查发现，冷却器支架下部方管内壁漆膜脱落，随油流冲入并沉积在油箱内部导油盒一侧。分析原因为方管内壁喷涂油漆过多，导致漆膜厚度超标，未干透后漆膜脱落（如图4-8所示）。

图4-8 漆膜脱落情况

【学习辅导7】 拆装时，应核查出线装置内表面是否有磕碰和损伤痕迹，以及出线装置固定工装是否牢固、分布是否合理，避免运输过程中对出线装置造成二次损伤。2020年5月，某站低端换流变压器在运至现场后，检查发现阀侧升高座内表面有裂纹、撕裂、折痕等异常（如图4-9所示），经排查发现部分为阀侧出线装置在拆装时磕碰导致，部分为运输定位工装未经倒角处理在运输过程中损伤。其后问题出线装置均返厂修复，并更新包装定位工装，将其倒角处理，包覆绝缘纸板（如图4-10所示）。

图4-9 出线装置底部撕裂

图4-10 改进后的定位件

4.2.5 换流变压器生产厂家应加强有载分接开关入厂检验，包括外观查验，动作特性报告、型式试验报告、出厂试验报告核查，机械传动和切换开关检查等。采用新设计、新结构的有载分接开关时还应核查设备型式试验报告和设计校核报告，确保有载分接开关结构完好、功能正常。

【学习辅导】 换流变压器有载分接开关入厂后应进行机械传动和切换结构检查。某站换流变压器有载分接开关传动轴零件由于原材料质量问题，在换流变压器制造厂内开展一定数量有载分接开关切换操作后，发现分接选择器存在质量隐患（如图4-11、图4-12所示）。其后将所有台次的问题零件更换后投入运行。

图4-11 有载分接开关传动轴

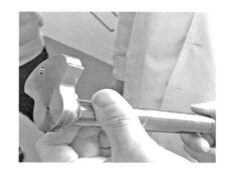

图4-12 有载分接开关传动轴问题零件

4.2.6 新（改、扩）建工程换流变压器、油浸式平波电抗器的潜油泵轴承应采取 E 级或 D 级，禁止使用无铭牌、无级别的轴承。对强迫油导向循环的潜油泵应选用转速不大于 1500r/min 的低速潜油泵。温升试验中，潜油泵运行状态应与额定运行状态一致。

4.3 基建安装阶段

4.3.1 气体继电器、油流继电器、压力释放阀、SF_6 压力表（密度继电器）在现场安装之前，应取得有资质的校验单位出具的有效期内校验报告，换流变压器生产厂家还应提供非电量保护整定值说明。

4.3.2 油流回路联管法兰连接部位（含波纹管）在水平、垂直方向不应出现超过 10mm 的偏差，防止运行过程中法兰受应力作用出现松脱或开裂；法兰密封圈应安装到位，防止因安装工艺不良引发渗漏油。

【学习辅导1】2015 年 6 月 27 日，某站极Ⅱ高端换流变压器本体与冷却器连接部位阀门大量喷油。原因为冷却器进油阀门与散热器间弯管尺寸不符合要求，过渡波纹管两侧联管存在 15mm 的高度偏差（如图 4-13 所示），阀门法兰长期受到外部应力作用导致开裂。

图 4-13　冷却器波纹管高度偏差超标

【学习辅导2】2015 年 6 月 12 日，某站重瓦斯保护动作导致极闭锁。原因为安装于主气体继电器与储油柜之间的断流阀与两侧管道连接的法兰在水平、垂直方向存在较大偏差，运行振动过程中导致断流阀法兰面松脱漏油。

【学习辅导3】2017年2月29日，某站极Ⅱ高端Y/D-A相换流变压器底部油管与本体密封板漏油，原因为内部密封圈存在移位或破损。

4.3.3 换流变压器、油浸式平波电抗器的管路、阀门等相关组部件安装前，应检查外观无锈蚀、无水迹，并通过内窥镜检查管路内壁漆膜均匀覆盖、无异物，必要时应使用热油进行冲洗。

【学习辅导】2019年3月13日，某站极Ⅱ低端Y/Y-C相换流变压器突发故障起火，故障根本原因为分接开关储油柜至切换开关油室联管内异物在油流作用下进入分接开关高场强区域，导致油隙绝缘发生击穿。

4.4 调试验收阶段

4.4.1 系统调试期间应进行油箱热点检查，记录油箱发热情况并及时处理发热缺陷。留存大负荷试验油箱发热红外图片。

4.4.2 开盖检查非电量保护接线盒跳闸接点腐蚀和紧固情况，确保接点无腐蚀松动。

【学习辅导】2021年3月10日，某站极Ⅰ低端Y/Y-A相换流变压器分接开关压力释放阀因接线盒内部受潮导致跳闸接点绝缘性能下降，接点误动作闭锁阀组。

4.4.3 投运前核查非电量保护继电器功能完好，动作定值与定值单保持一致。

4.5 运维检修阶段

4.5.1 换流变压器运行时禁止用摇把调节有载分接开关档位。

【学习辅导】换流变压器运行时调节分接开关档位应使用自动功能,禁止运行时通过摇把手摇调节分接开关档位。同时,分接开关摇把的接点信号不应作为分接开关控制回路跳闸的条件,避免插入分接开关摇把后导致极闭锁。2003年7月20日,某站换流变压器分接开关紧急跳闸导致极闭锁。该分接开关回路设计将分接开关操作手柄信号接入回路安全性监视,且使用动断接点,运行过程中插入手柄将使动断接点断开,分接开关监视回路误动导致极闭锁。

4.5.2　现场更换网侧套管或对网侧套管开展检修作业需要排注油时,当出线装置绝缘露空且存在窝气风险时,应进行抽真空、热油循环、现场局部放电试验等工艺,避免投运后出现产氢和局放异常等情况。

【学习辅导】2018年4月20日,某站换流变压器油中氢气超标。因年检工作按传统常规工艺对换流变压器进行排注油,对套管尾端纸绝缘中残留气泡或潮气未通过抽真空、热油循环等手段消除,导致投运后出现产氢和局放异常等情况。

4.5.3　检修期间应对换流变压器有载分接开关传动轴各部位固定螺栓按照规定力矩进行检查紧固,对传动齿轮磨损情况、齿轮盒密封性、外部传动轴轴向窜动间隙进行检查,必要时补充润滑油,防止运行期间因传动机构故障导致有载分接开关出现三相不一致等异常情况。

【学习辅导】2019年6月25日,某站监控显示极I高端换流变压器星接中性点电流为41A,现场检查发现极I高端换流变压器Y/Y−A相有载分接开关顶部齿轮盒1号分接开关档位为15档,2、3号分接开关档位均为1档,1号分接开关传动轴与主轴之间卡箍脱落分离,对全站双极高端12台换流变压器分接开关传动轴进行排查,共发现31个螺丝脱落,以及部分螺丝松动现象,可能为设备安装时螺栓紧固不到位,或换流变压器运行时因振动过大导致螺栓松动脱落。

5 防止套管故障

近年来，直流工程套管运行过程中暴露出的主要问题包括：

1）内部放电、燃爆故障严重；

2）套管结构性缺陷多发；

3）空心绝缘子、载流管等组部件故障频发。

为防范上述问题，主要对套管设计校核，关键组部件检验、安装工艺管控等关键点进行了规范。提出了防止绝缘击穿、末屏受潮、载流过热、机械损坏、非电量保护误动等方面的各阶段措施。

5.1 规划设计阶段

5.1.1 新（改、扩）建工程直流穿墙套管及油浸式平波电抗器套管户外侧爬距应依据污秽实测情况进行外绝缘配置，当无法实测时，应开展专项研究进行预测。防止套管在运行中发生雾闪、冰闪、雨闪或雪闪。

【学习辅导1】2015年1月25日，某站极Ⅰ直流保护发极母线差动保护动作闭锁。现场积污严重，在雨夹雪环境下高端直流穿墙套管顶部形成0.8m左右雪区，造成局部电压畸变。在套管温升（约5℃）作用下湿雪逐步融化，在伞裙间形成融雪桥接，导致套管外绝缘闪络。

【学习辅导2】2011 年 9 月 6 日，受台风影响，某站间歇性强降雨导致极 I 平波电抗器直流场侧套管雨闪。

5.1.2 换流变压器和油浸式平波电抗器阀侧套管、直流穿墙套管宜优先选用复合绝缘子；采用复合绝缘子时，套管供货商应提交选用的户内、户外侧绝缘子最大机械负荷及最大机械负荷下的偏移量要求的详细计算报告，证明选择的绝缘子的机械性能满足工程要求。选用的空心复合绝缘子应按要求开展弯曲负荷型式试验和例行抗弯试验。弯曲负荷试验宜采用立式抗弯机，如采用卧式抗弯机，应根据试品自重和规格，估算初始偏移量，施加端部载荷抵消试品自重影响。

【学习辅导】2013、2014 年，某直流两支±500kV 直流穿墙套管法兰和玻璃钢筒粘接部位在运行过程中出现间隙，套管漏气导致直流闭锁。分析故障原因为空心复合绝缘子选型设计不合理，绝缘子工艺控制不当，致使运行过程中法兰和玻璃钢筒粘接部位出现间隙，SF_6 气体沿该缝隙发生泄漏，套管气体失压导致直流闭锁。

5.1.3 新（改、扩）建工程换流变压器阀侧套管（含备用换流变压器）采用 SF_6 充气套管时，压力继电器、密度继电器信号应远传至监视后台。

【学习辅导】某直流工程换流变压器阀侧套管仅在阀厅内设置一个密度监视器，现有 SF_6 密度继电器仅有压力低接点，无模拟量显示且无法实时远传，无法跟踪压力从而及时发现异常，无法在线补气。运行中多次出现套管压力报警，只能申请停运后对套管压力进行检测。

5.1.4 套管 SF_6 压力或密度继电器应分级设置报警和跳闸。新建直流工程作用于跳闸的非电量保护元件应设置三副独立的跳闸接点，按照"三取二"原则出口。不允许多副跳闸接点并联上送，"三取二"出口判断逻辑装置及其电源应冗余配置。

【释义】非电量元件质量不佳或老化时容易导致误发信号，采取"三取二"原则可以有效降低误动风险。

【学习辅导】2013 年 3 月 11 日，某站极 I 低端 Y/Y-C 相换流变压器阀侧套管 SF$_6$ 压力低保护动作跳闸，检查原因为换流变压器阀侧套管 SF$_6$ 机械表计故障，绝缘下降导致跳闸接点异常导通（如图 5-1、图 5-2 所示）。

图 5-1　SF$_6$ 气体密度表　　　　图 5-2　故障表计接头锈蚀照片

5.1.5　换流变压器网侧套管的反事故技术措施如下：

1）新（改、扩）建工程换流变压器网侧套管的温升电流应不小于对应绕组额定电流的 1.3 倍。不同额定电流套管的悬臂耐受负荷应按《交流电压高于 1000V 的绝缘套管》（GB/T 4109—2022）表 1 中的 II 类负荷选取。套管空气端引出线端接线板的允许荷载不应低于"套管的悬臂试验负荷（N）"要求数值；

2）新（改、扩）建工程套管选型时应充分评估套管中触指载流、螺纹载流等连接结构在大电流特别是大量谐波电流工况下的载流能力，避免运行中出现过热问题。

【释义 1】换流变压器可靠性要求高，参考换流变压器阀侧套管绝缘配置要求（IEC 65700），对于新建工程换流变压器网侧套管内绝缘水平不应低于换流变压器绕组绝缘水平的 1.1 倍。

【学习辅导】2007 年 10 月 11 日，某站极Ⅰ Y/Y－C 相换流变压器网侧套管绝缘故障导致网侧套管的火灾事故。2008 年 6 月 24 日，某站极Ⅰ Y/D－A 相换流变压器网侧套管绝缘故障导致网侧套管的火灾事故。

以上两起事故暴露出换流变压器网侧套管绝缘裕度偏小、制造工艺控制不严的问题。

【释义 2】为提高换流变压器网侧套管机械强度，要求新建工程网侧套管的悬臂耐受负荷应应按《交流电压高于 1000V 的绝缘套管》（GB/T 4109—2022）表 1 中的Ⅱ类负荷选取。

【释义 3】根据在运工程经验，套管中触指载流、螺纹载流等连接结构若设计不合理或安装不当，在运行中大负荷下可能出现过热问题。

5.1.6 新建换流站换流变压器阀侧套管升高座不宜穿入阀厅。

5.1.7 新（改、扩）建工程直流穿墙套管现场安装、厂内试验时的墙体不应覆盖伞裙。

5.1.8 设计单位应配合厂家对套管金具开展基于运行振动工况下的受力校核，避免端部长期受力导致套管受损。

【释义】核查网侧高压套管将军帽结构设计是否合理，避免长时间运行振动情况下，套管连接金具、将军帽密封、将军帽与套管导电杆之间持续受动态力发生松动，导致发热。

5.1.9 新（改、扩）建工程油浸式套管在最低环境温度下，套管油位可通过巡视检查。

5.2　选型制造阶段

5.2.1 应加强注油口、将军帽、末屏部位用于隔离套管油与空气密封部位的结构设计及密封件选型；套管将军帽与导电杆的材质应能满足载流和机械强度的要求，将军帽内螺纹与载流导管外螺纹配合紧密，且应密封良好。

> ✍ 【学习辅导】2017 年 7 月 7 日，某站极 Ⅱ 低端 Y/D－A 相换流变压器网侧高压套管将军帽温度达到 100℃，拆卸将军帽后发现将军帽与导电杆一起转动，并未与导电杆有效分离，初步判断原因为将军帽与导电杆材质不同，不同的膨胀系数导致在温度升降变化过程中螺纹与螺牙咬合在一起，将军帽与载流导管连接螺纹松动或接触不良，导致将军帽内部异常发热。

5.2.2 换流变压器网侧套管、阀侧套管和直流穿墙套管均压环应采用单独的紧固螺栓，禁止紧固螺栓与密封螺栓共用，禁止密封螺栓上、下两道密封共用。

5.2.3 套管顶部接线端子外部接线排和引线布置方式设计，应核算引流线（含金具）对套管及接线端子的作用力，确保不大于套管及接线端子弯曲负荷耐受值。

5.2.4 严格执行金属件表面的处理工艺，保证达到附着力要求；进行电镀、涂覆前，应对附近无需处理的部位做好防护，工艺处理后清理干净，防止金属件表面油漆或镀层脱落。

> ✍ 【学习辅导】2017 年 6 月 16 日，某站现场检查发现套管头部接线柱端部发黑，中下部颜色较浅，表明此次过热的最热点位于金具与套管接线柱连接部位的上端部。另外，根据套管头部接线柱镀银层脱落现象，阀侧套管头部导流铜柱出厂时镀银工艺不良，铜柱接触面与镀银面接触不好，附着在铜柱上的镀银层强度不足，经长期运行电腐蚀等考验，镀银层出现氧化、分离脱落，导致套管接头发热。

5.2.5 套管结构及选材应考虑强度要求，防止在安装、拆卸、例行年检（例如套管金具拆除）、搬运过程中承受过高机械应力造成设备损坏或人身伤害。在安装和运输、起吊时要按厂家的要求执行，注意套管的最大设计承受力。

【学习辅导】2020 年 9 月 23 日，某站年度检修期间发现极 I 低端换流器中性点直流穿墙套管法兰面存在裂纹，继续带电运行会带来安全隐患，现场经讨论分析对其进行更换（如图 5-3、图 5-4 所示）。

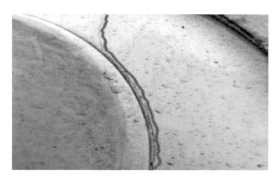

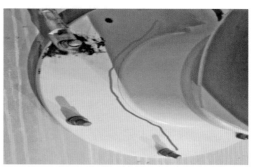

图 5-3 阀厅外侧裂纹   图 5-4 阀厅内侧裂纹

5.2.6 ±320kV 及以上电压等级的直流套管不应采用发泡材料作为绝缘填充介质，设计时应充分考虑不同特性绝缘介质体积电阻率的差异，避免放电导致套管绝缘损坏。

【学习辅导】2010 年 12 月 2 日，某站巡检发现极 II 平波电抗器套管有放电现象。现场更换后，解体检查发现套管固体填充物（发泡材料）和环氧树脂筒内壁、套管固体填充物（发泡材料）与导电杆之间出现严重树枝状放电。套管固态填充物的电阻率各向不均匀，难以长期承受设计要求的绝缘强度，形成贯穿性放电通道，导致套管损坏。

5.2.7 新（改、扩）建工程换流变压器、油浸式平波电抗器阀侧套管及直流穿墙套管除端部导杆可对接，内部导电杆应采用整杆设计，防止接头长期过热导致绝缘击穿。针对在运对接式穿墙套管，中部对接部位应用等电位线连接，防止悬浮放电。所有连接紧固部位应加装防松动螺栓，防止松动。导电接触面应进行表面镀银。

【释义】换流变压器阀侧套管内部导电杆不应采用铜铝过渡接头，防止接头长期过热后绝缘击穿。

【学习辅导1】2012 年 6 月 28 日,某站换流变压器阀侧套管过渡接头过热后,碳化物使电容芯子表面污染,后续发生闪络导致套管损坏,保护动作闭锁(如图 5-5、图 5-6 所示)。

图 5-5　铜铝过渡接头熔化　　　　　图 5-6　芯子表面明显沿面闪络痕迹

【学习辅导2】2012 年 8 月 16 日,某站平波电抗器极母线侧套管故障,极母线差动保护、瓦斯保护动作导致闭锁。该套管上部三分之一处断裂,上部套管脱落。查明故障套管铜铝接头处发热,内部存在严重放电,造成套管断裂(如图 5-7~图 5-10 所示)。

【学习辅导3】2015 年 5 月 30 日,某站平波电抗器套管发生内部放电故障。解体发现套管内导电杆铜铝过渡接头处过热痕迹明显,铝接头内部触指

图 5-7　套管下部　　　　　　　　　图 5-8　套管上部

受热失去弹性，通流能力降低，接头发热使套管电容屏劣化，电场畸变后导致击穿。

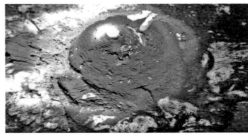

图 5-9　套管断裂处　　　　图 5-10　上端导电铝筒接触处过热烧黑

【学习辅导4】2015 年 10 月 20 日，某站极Ⅱ直流系统因高端穿墙套管故障闭锁，检查发现套管导管上的弹簧触指未可靠连接，导致导管过热。

5.2.8 套管末屏接地应牢固可靠，防止末屏接线松动导致套管损坏；防止拆、装末屏接地装置时，因末屏接地引线旋转，造成引线与电容芯子末屏的焊接点开断；应避免使用连接引线短、硬度大的末屏引线方式，在昼夜温差变化时冷热伸缩造成金属疲劳，导致末屏接地引线从与铝箔的接触点处断裂；套管末屏用保护帽在多次拆装时不应产生螺纹咬死情况，套管打压工艺孔应密封良好。

【释义1】换流变压器和平波电抗器套管末屏接地方式设计应保证接地牢靠，防止在电荷积累后放电击穿损坏。

【学习辅导1】2007 年 4 月 29 日，某站换流变压器套管放电击穿，直流系统闭锁。因阀侧套管采用的末屏接地方式不牢固导致长期运行时接触不良，油中杂质飘浮于套管端部，悬浮体引起电荷在此处积聚，发生内部放电（如图 5-11 所示）。

图 5-11 故障换流变压器阀侧 a 套管

【释义 2】套管头部密封不良时，换流变压器长期运行，套管热胀冷缩时会进一步导致套管密封失效，雨水沿着套管中的导杆流到换流变压器内部，造成换流变压器绕组及绝缘件受潮。

【释义 3】套管注油口、将军帽、末屏部位密封不好会造成套管油受潮，严重时会导致套管绝缘击穿、放电，需加强密封部位设计及密封件的选型，防止水气进入套管油中。套管末屏保护帽及丝扣在套管试验期间，需频繁拆卸、安装，铝质材料硬度不如不锈钢材料，且与底座铝制丝扣反复拆卸、安装，易造成粘扣。

【学习辅导 2】某站年检发现极 I 高端 Y/D-C 相换流变压器阀侧首端套管末屏绝缘异常（250V 档位下绝缘为 0），套管末屏电容测量异常，电容为 0.7nF（正常为 1.5μF）。现场立即组织对该套管全面检查，其中套管介质损耗、电容量及 SF_6 微水数据均正常，对末屏引出位置干燥处理后绝缘仍为 0。发现该套管顶部工艺孔（压力释放用）螺栓松动，判断水汽由工艺孔处进入末屏腔体，导致内部受潮（如图 5-12～图 5-17 所示）。

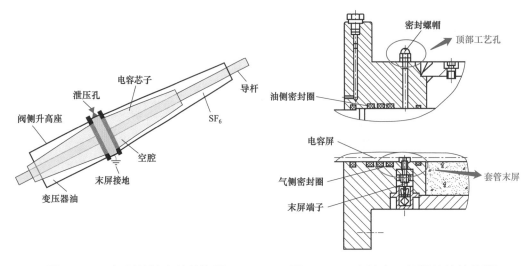

图 5-12　阀侧首端套管结构图　　　　图 5-13　套管末屏位置整体结构图

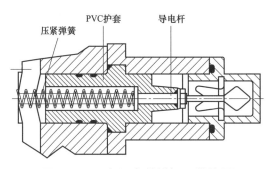

图 5-14　末屏安装横切面结构图

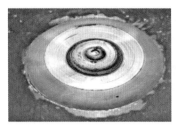　　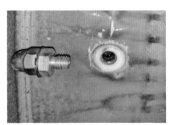

图 5-15　套管末屏引出　　图 5-16　末屏顶针拆解及　　图 5-17　顶部泄压孔
　　　　位置有水渗出　　　　　　空腔渗水量　　　　　　螺栓

5.2.9　应按照《空心复合绝缘子技术标准》（IEC 61462—2007）第 8 部分"型式试验"、第 10 部分"逐个试验"的规定，对穿墙套管空心复合绝缘子的试验报告进行校核。应按《复合绝缘子用硅橡胶绝缘材料通用技术条件》（DL/T 376—2019）第 4

章的要求，对证明空心复合绝缘子伞套材料性能的试验报告进行校核。

【学习辅导】某直流±500kV 直流穿墙套管运行超过 15 年，检修期间对套管硅橡胶伞裙进行了外观检查和憎水性测试，发现户外侧硅橡胶伞裙存在不同程度的龟裂、粉化现象，其上表面憎水性 HC5－6 级、下表面憎水性 HC4－5 级，户内侧硅橡胶伞套憎水性良好（HC1－2 级），为了避免外闪事故发生，现场采取了喷涂 RTV 的方式对套管户外侧硅橡胶伞裙进行了修复，同时按照 IEC 61462 和 DL/T376 标准要求加强绝缘子的性能校核。

5.2.10 充气式套管型式试验阶段应开展跳闸气压下的绝缘验证试验。

【学习辅导 1】某工程两支±500kV 穿墙套管漏气导致直流闭锁。SF_6 气体压力降低至跳闸气压，存在发生直流闭锁前套管气压快速下降，内部绝缘裕度不足导致放电的恶性设备故障的风险，故应验证套管在跳闸气压下承受运行电压的能力，降低设备因漏气在直流闭锁前发生恶性电气故障的可能性。

【学习辅导 2】某工程 400kV 穿墙套管采用的试验方法为：套管型式试验阶段在跳闸气压下（0.1MPa）施加 1.05 倍最高运行电压（+420kV），试验期间套管无闪络和击穿，且最后 30 min 内不小于 2000pC 的放电脉冲数不超过 10 个，试验通过。

5.3 基建安装阶段

5.3.1 换流变压器阀侧套管金具安装时，均压罩和金具间应安装等位线，等位线应连接可靠。引流导线和均压罩应保持足够安全距离，防止间隙放电或相互触碰分流发热。

【学习辅导】2015 年度检修期间，某站发现高端换流变压器阀侧套管一次引线与均压罩接触点有明显烧灼痕迹，其中极Ⅱ高端 Y/Y－C 相换流变压器阀侧套管均压罩烧灼严重，引线处约20根导线被烧断（如图5-18、图5-19所示）。

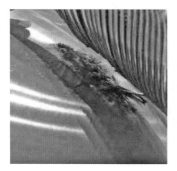
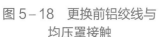

图5-18　更换前铝绞线与　　　　　图5-19　更换前铝绞线烧断
　　　　 均压罩接触

5.3.2 套管安装前瓷绝缘件及各部件应清洁干净，认真检查瓷件及油中绝缘部件表面，防止杂质附着在瓷件及油中绝缘部件表面，避免运行中套管瓷件及油中绝缘部件发生放电。

【释义】套管安装过程中表面清洁不到位，杂质会导致套管在交、直流电压下电场发生畸变，从而导致放电，套管油中下瓷套发生放电会导致换流变压器绝缘击穿，造成换流变压器重瓦斯动作。

5.3.3 应确保换流变压器套管的油中均压环及紧固件的等电位连接可靠，避免油中接线端松动出现悬浮放电，甚至导致油中侧闪络事故；套管安装过程中检查发现油中接线端子和均压环不能可靠连接时，应及时处理更换相关部件。

【释义】换流变压器油中均匀环及紧固件的等电位连接应可靠，防止油中接线端松动出现悬浮放电，甚至导致油中侧闪络事故。

【学习辅导】2017年7月31日，某站极Ⅱ低端Y/D-A相换流变压器阀侧套管放电击穿，直流系统闭锁。因阀侧套管末屏引出线内部焊点断线或接触不良，导致末屏和汇流合金带产生悬浮电位，汇流合金带处局部场强畸变产生局部放电进而发展成为套管电容屏击穿。

5.3.4 作为备品的 110（66）kV 及以上油浸电容型套管，其存放方式应按厂家技术文件要求存放。如水平存放，其抬高角度应符合制造厂要求，以防止电容芯子露出油面受潮。油浸电容型套管在水平运输、存放及安装就位后，带电前必须进行一定时间的静放，其中 1000kV 套管应大于 72h，750kV 套管应大于 48h，500（330）kV 套管应大于 36h，110（66）～220kV 套管应大于 24h。

5.4 调试验收阶段

5.4.1 换流变压器和油浸式平波电抗器投运前以及每次拆/接末屏后应检查套管末屏端子接地良好，防止末屏接地不良导致套管损坏。若需更换末屏分压器，应确认分压器电容与套管主电容满足匹配关系。

【释义】换流变压器套管末屏通过触指与接地点连接，长期运行容易出现接触不良，每年应利用年度检修机会定期检查。

5.4.2 备用换流变压器网侧及阀侧高低压套管应短接接地，防止套管因静电感应产生的悬浮电位及电荷累积对检修人员造成危险。

5.5 运维检修阶段

5.5.1 对于在运套管的伞裙间距低于标准的情况，应采取加装增爬裙等措施；严重污秽地区可考虑在绝缘外套上喷涂防污闪涂料；对加装辅助伞裙的套管，应检查伞裙与瓷套的粘接情况，防止粘接界面放电造成瓷套损坏。

【学习辅导】2004 年 11 月 6 日、2009 年 2 月 26 日，某站直流极母线差动保护动作闭锁，检查发现直流分压器用复合套管外绝缘有两处放电痕迹，发生闪络的原因为外绝缘爬距设计偏小，未喷涂污闪涂料或加装防污闪辅助伞裙措施，造成复合套管的憎水性完全消失导致运行中发生外绝缘闪络。

5.5.2 定期检查气体管道是否发生异常折弯导致管道受损，检查记录套管 SF_6 气体压力和参考温度，进行历史数据比对分析，确认无泄漏。

【释义】安装换流变压器阀侧套管 SF_6 继电器时，应注意检查导气管端部接头，防止破损导致 SF_6 气体泄漏。

【学习辅导】2014 年 12 月 24 日，某站开展换流变压器在线监测状态量分析时，发现极 II 低端 Y/Y−C 相换流变压器阀侧套管压力异常，经检测发现套管本体充气接头断流阀区域存在 SF_6 泄漏，停电检查确认故障位置为换流变压器阀侧套管 SF_6 导气管端部接头（如图 5−20 所示）。

图 5−20　漏气管路

5.5.3 定期进行套管红外测温，套管本体和端子导体的温度不应有跃变；相邻相间套管本体和端子的导体温度不应有明显差异。内部含有对接结构的直流穿墙套管定期开展回路电阻测试。底部插接结构阀侧套管定期开展套管连同绕组的阀侧直流电阻测试。

【学习辅导1】某站 400kV 直流穿墙套管运行过程中出现套管户外侧端部异常发热，温度最高达 91℃。解体发现，套管端部载流表带触指烧蚀严重，铜导管表面有明显过热痕迹。过热原因为水平安装的穿墙在套管实际运行过程中，触指长期一侧受力较大，另一侧受力较小，导致整体接触电阻变大，导致触指运行中发生过热现象。后续对套管表带触指进行了更换，对各个接触面进行了镀银处理。运维策略方面，加强了套管端部红外巡视，并增加套管回路电阻测试预试项目，判断套管内部载流连接是否发生劣化。

【学习辅导 2】 2021 年 4 月，某站年检期间开展换流变压器阀侧套管连同绕组直阻测量，发现双极高端 6 台在运的 800kV 换流变压器直阻较出厂值和 2011、2020 年测量值明显偏大，偏差为 3.05%～9.62%，不符合《±800kV 特高压直流设备预防性试验规程》（Q/GDW 299—2009）规定的"较往年值不大于 ±2%"的要求，其余 18 台换流变压器均满足标准要求。现场检查发现 6 台换流变压器阀侧套管尾部插头表带触指均有不同程度发热烧蚀现象，采用改进型套管尾部插头将原有套管尾部插头进行了替换（如图 5-21 所示）。

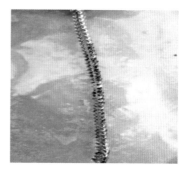

图 5-21　表带触指异常发热

6 防止开关设备故障

近年来，直流工程开关设备运行过程中暴露出的主要问题包括：

1）内部异物放电故障多；

2）抑制合闸涌流效果不佳；

3）操动机构、绝缘拉杆等关键组部件质量问题突出。

为防范上述问题，本章主要对抑制涌流和过电压措施、关键组部件检验、安装工艺质量、运维检修等关键点进行了规范。提出了防范选相合闸偏移、合闸电阻击穿、容性开合能力不足等方面的各阶段措施。

6.1 规划设计阶段

6.1.1 交流滤波器小组断路器应配置选相合闸装置（可同时采用合闸电阻），断路器合闸时间分散性应在±1ms 以内并考虑温度等环境因素的修正措施，出厂前应进行不少于 50 次的试验验证。采用合闸电阻时，设计单位应开展合闸电阻对过电压、电流的抑制作用研究，对合闸电阻阻值、动作配合时间、热容量等进行综合计算分析，防止交流滤波器投入过程中产生过电压和涌流而引起设备绝缘损坏、保护误动。

【学习辅导】某站交流滤波器自投运以来，多次出现断路器合闸预击穿导致直流系统电压、电流波动的情况。由于断路器机械特性的离散性较大，在其合闸时间与选相合闸装置预设参数出现较大差异时，合闸过程中在电压高位发生预击穿，导致交流系统电压波动。

6.1.2 对新（改、扩）建直流工程，换流变压器进线断路器应配置合闸电阻或选相合闸装置（可联合采用两类措施），以抑制换流变压器充电时的励磁涌流。设计单位应开展合闸电阻对过电压、过电流的抑制作用研究，对合闸电阻阻值、动作配合时间、热容量等进行综合计算分析。加装选相合闸装置的断路器应通过机械环境试验和选相合闸试验，断路器合闸时间分散性应在±1ms 以内并考虑温度等环境因素的修正措施，出厂前应进行不少于 50 次的试验验证。

【学习辅导】2019 年某站启动调试以来，多次出现换流变压器充电时励磁涌流较大的情况，导致零序保护动作跳交流侧进线断路器 1 次，站内在运换流器换相失败 2 次。在合闸次数基本持平的情况下，双极高端励磁涌流超过 5000A 共 31 次，双极低端 1 次。合闸电阻因存在预击穿情况，有效投入时间不足，更换断路器或合闸机构成本高，增加选相合闸优化合闸角，在一定程度上抑制励磁涌流。

6.1.3 交流滤波器小组断路器应开展容性电流开合试验，试验方法及判据按照《滤波器用高压交流断路器》（GB/T 42009—2022）规定执行。

【学习辅导】某型断路器罐体直径尺寸紧凑，绝缘裕度偏小，引发多起放电故障，经放大罐体直径改进后，运行可靠性大幅提升。

6.1.4 新（改、扩）建工程直流旁路开关位置传感器应采取冗余化配置等有效措施，避免因单个传感器异常造成冗余换流器控制系统故障影响直流系统运行。

6.2 选型制造阶段

6.2.1 带合闸电阻的断路器应校核合闸电阻元件热容量,带合闸电阻开展绝缘试验,验证合闸电阻绝缘性能。

【学习辅导1】 2017 年 5 月 27 日，某站 7632 断路器 C 相合闸电阻击穿、引起接地故障，返厂补充进行绝缘试验、容量试验后判断为装配工艺质量不良。

【学习辅导2】 某站自投运以来，某供货的滤波器场罐式断路器发生了两起灭弧室闪络事故，结合年检和滤波器轮停，对 51 台罐式断路器进行了开盖检查，发现有 6 台断路器合闸电阻存在破损，破损部位均为靠法兰侧（如图 6-1 所示）。

图 6-1　某型号罐式断路器合闸电阻片破损

6.2.2　厂内断路器主回路电阻测试完成后，应对断路器机构位置进行标记，以便现场安装时检查确认，避免导体插入深度不够。

【学习辅导】 2019 年 9 月 19 日，某站金属回线转换开关 MRTB 一侧断口绝缘子炸裂，MRTB 开关灭弧室爆炸，解体检查发现断路器合闸插入深度不足，断路器合闸未到位，导致触头接触不良，在较大的运行电流下引起持续性发热，触头产生熔融滴流，断路器触头间电弧放电，电弧放电产生大量热量导致灭弧室内 SF_6 气体膨胀，膨胀压力超过瓷套所能承受的压力后导致灭弧室炸裂。

6.2.3　制造厂应对断路器、隔离/接地开关的触头和导体镀银层进行检测，按批次开展厚度检测，并提供检测报告。应严格执行镀银层防氧化涂层的清理，在检查卡中记录在案，避免接触面残留涂层导致接触电阻偏大。

> 【学习辅导】2014 年 3 月 23 日，某站在年度检修期间发现 5243 断路器串
> 内回路电阻 B 相 700μΩ，C 相 4700μΩ（标准不得大于 130μΩ），同时 5243 断
> 路器 B、C 相合闸断口分合闸波形异常，存在弹跳现象。对 5243 断路器 B、C
> 相故障间隔解体检查，发现 524317 接地开关与管母加长节相邻的 B、C 相水平
> 盆下方触头和盆式绝缘子均有轻微分离，并且 C 相接触面有轻微过热痕迹。故
> 障原因为下触头中间对位轴突起位置镀银面不均匀，镀银残渣清理不干净，使
> 下触头不能完整的贴住盆式绝缘子，在缝隙位置形成过热点。

6.3 基建安装阶段

SF_6 断路器设备现场安装过程中，在进行抽真空处理时，应采用出口带有电磁
阀的真空处理设备，且在使用前应检查电磁阀动作可靠，防止抽真空设备意外断电
造成真空泵油倒灌进入设备内部。并且在真空处理结束后应检查抽真空管的滤芯有
无油渍。为防止真空度计水银倒灌进入设备中，禁止使用麦氏真空计。

6.4 调试验收阶段

6.4.1 在交接试验中，应对断路器主触头与合闸电阻触头的时间配合关系进行测试。

6.4.2 在带电调试过程中，对选相合闸断路器应进行 3 次带电选相合闸试验，均应
在目标关合点±1ms 内。

6.5 运维检修阶段

6.5.1 在出厂及 A、B 类检修后，断路器应进行机械特性测试，机械行程特性曲线
应在《高压交流断路器》（GB 1984—2014）规定的包络线范围内。

> 【学习辅导】2013 年 9 月 27 日，某站 220kV GIS 断路器操动机构缺陷导

致合闸不到位。故障原因为：合闸弹簧储能不足；凸轮与拐臂轮之间的间距过小。由于供货紧急等原因，出厂前实际上并没有进行机械特性试验，而由弹簧螺栓露出的丝扣数据区间值及此区间内的经验数据作调试合格的计量标准，并出具了试验合格报告。

6.5.2　投切次数达到 1000 次的电容器组连同其断路器应及时按照电力设备预防性试验规程要求进行检查试验与评估。

6.5.3　对直流场隔离开关/接地开关开展检修时，应通过后台核对分合位置信号与现场实际动作一致性，如有分合闸到位后信号出现不一致的情况，应对开关一次、二次配合进行调整。

【学习辅导】2020 年，某站极Ⅰ极控制保护重启后，发现双极中性母线差动电流 2900A，排查发现直流场双极中性线区域 00401 隔离开关一次状态到位，辅助触点合闸信号丢失，现场检查发现隔离开关在合闸到位后发生反弹，导致辅助开关在正确切换产生合闸位置信号后，因机构反弹造成辅助开关出现回弹断开合闸位置触点，使合闸位置信号电压丢失。

7 防止避雷器故障

近年来，直流工程避雷器设备运行过程中暴露出的主要问题包括：

1）多柱并联避雷器能量裕度和电流分布要求高；

2）避雷器设计不当导致内部受潮；

3）避雷器安装工艺不规范。

为防范上述问题，本章主要提出了防范避雷器受潮、阀片老化、多柱并联避雷器电流分布不均匀、能量裕度不足等方面的各阶段措施，并对避雷器安装工艺进行了规范。

7.1 规划设计阶段

7.1.1 对于耗能支路 MOV、直流转换开关避雷器和中性母线避雷器（CBN2 型、E 型）用的电阻片，应在相同的工艺和条件下制造，以提高电气参数一致性；对所用的电阻片和电阻片组应经过严格的筛选、配组计算和试验，以控制电气参数的一致性，减小电流分布不均匀系数，避雷器并联电阻片柱之间的电流分布不均匀系数应不大于 1.05，避雷器并联元件之间的电流分布不均匀系数应不大于 1.03。

【学习辅导】2014 年 9 月 29 日，某站在进行单极大地回线方式向金属回线方式转换时，因 MRTB 金属回线转换开关震荡回路并联多柱避雷器特性不一致，某柱避雷器绝缘击穿。

7.1.2 在设计直流断路器耗能支路 MOV、直流转换开关避雷器和中性母线避雷器（CBN2 型、E 型）的吸收能量时，应考虑实际冲击波形对电阻片能量耐受能力和过电压耐受能力的影响，且不小于专题研究计算值的 120%；新建工程应采用热备用方式，热备用避雷器元件数量应不少于设计能量的 20%，且不少于 1 只。

【学习辅导 1】2014 年 4 月 28 日，某直流工程极Ⅱ由于雷击导致相关保护动作，重启过程中线路低电压保护动作闭锁，随后极Ⅱ解锁，升功率过程中极Ⅱ接地极母线差动保护动作，现场检查发现极Ⅱ中性母线避雷器故障。

【学习辅导 2】2015 年 6 月 9 日，某工程极Ⅰ直流场接地极区避雷器故障导致直流极Ⅰ极接地母线差动保护动作，极Ⅰ闭锁，经分析避雷器故障原因为电阻片在长波冲击工况下过电压与能量耐受能力不足导致热崩溃。

7.1.3 直流断路器耗能支路 MOV 外套应采用复合外套设计，在 MOV 元件上应设有压力释放装置，当 MOV 发生短路故障时，通过压力释放装置释放内部压力，防止 MOV 元件外套由于流过内部故障电流或内部闪络而发生爆炸。

7.1.4 阀避雷器应配置带动作信号远传的监测装置，必要时可配置就地显示动作次数的监测装置，便于对照判断，及时发现异常。

7.2 选型制造阶段

7.2.1 针对直流断路器耗能支路 MOV、直流转换开关避雷器和中性母线避雷器（CBN2 型、E 型）可能承受的最严苛过电压波形，避雷器应进行过电压耐受试验，若受试验室条件限制，可进行等效试验。等效试验应包含定电压定能量试验及定能量定时间试验，试验能量、电压、时间，应满足实际波形考核要求。

7.2.2 针对直流断路器耗能支路 MOV、直流转换开关避雷器和中性母线避雷器（CBN2 型、E 型），应控制避雷器各柱电阻片的直流参考电压和操作冲击残压偏差，直流参考电压和操作冲击残压偏离平均值不超过 0.5%。

【释义】直流断路器耗能支路 MOV、直流转换开关避雷器和中性母线避雷器（CBN2 型、E 型）并联柱数多，各柱电阻片的直流参考电压和操作冲击残压偏差将影响柱间的能量分配，研究结果表明，直流参考电压和操作冲击残压偏离平均值超过 0.5% 时，柱间电流分布不均匀系数将大于 10%，为保证柱间电流分布均匀性，需控制柱间直流参考电压和操作冲击残压的一致性。

7.2.3 针对直流断路器耗能支路 MOV、直流转换开关避雷器和中性母线避雷器（CBN2 型、E 型），为保证避雷器电阻片可靠性，应对电阻片逐个进行 2ms 方波或不小于 50ms 长波组合筛选试验。

【学习辅导】2022 年 4 月 4 日，某直流工程因雷击引起直流线路接地故障，导致接地极区域其中一台避雷器发生压力释放，经分析避雷器压力释放原因为，个别电阻片长波冲击耐受能力不足，出厂阶段未能有效筛除，导致在长波实际工况下因薄弱电阻片破坏，引起避雷器整体热崩溃。

7.2.4 新建直流工程户外避雷器应具有可靠排水措施（如设置排水孔等）。对在运的户外避雷器无排水孔的，应进行评估后增加排水措施，并重点跟踪泄漏电流的变化情况，同时结合停电检修试验检查压力释放板是否有锈蚀或破损。

【释义】户外安装的避雷器运行中受降水影响，在法兰处可能存在积水，如果没有设置可靠的排水措施，法兰位置长期积水将导致防爆膜或密封系统腐蚀失效，引起内部受潮甚至压力释放动作。

7.3 基建安装阶段

避雷器在现场安装时，应严格按照制造商规定的顺序安装。

【学习辅导】某直流工程在进行人工短路接地试验中，直流断路器耗能支路避雷器每层 CT 录波电流值偏差较大。电流值最大的一层为：1109A，电流值最小的一层为：648A，回路总电流：2275A。经试验验证分析，避雷器未按规定的编号正确安装是导致每层 8 个单元节之间电流分布不均匀的主要原因。

7.4 调试验收阶段

检查阀避雷器就地显示和远传功能，各项功能均应正常。

7.5 运维检修阶段

7.5.1 直流断路器耗能支路 MOV 如需更换应进行整级更换。

7.5.2 对于多元件并联的避雷器，对避雷器所有元件的直流参考电压实测值应进行横向比较，当直流参考电压超过平均值 2%时，应及时更换。

【学习辅导】2016 年 11 月，在开展某站直流转换开关振荡平台避雷器预防性试验时，对避雷器所有元件的 4mA 直流参考电压进行横向比较，发现其中一台避雷器元件与平均值偏差达到−3.07%，经返厂解体发现该避雷器内部个别电阻片已失效。

8 防止滤波器及并联电容器故障

近年来，直流工程滤波器及并联电容器在运行中暴露出的主要问题包括：

1）外绝缘故障频发；

2）鸟害问题凸显；

3）现场安装工艺不当。

为防范上述问题，本章主要对电容器单元保护配置、防鸟设计、现场安装工艺等关键点进行了规范，提出了相关要求。

8.1 规划设计阶段

8.1.1 交流滤波器切除后应设置足够的放电时间，放电后方可再次投入运行，避免电容器带电荷合闸产生较大的冲击电流。

8.1.2 采用悬挂方式的直流滤波电容器组设计时应提高顶部悬式绝缘子的外绝缘性能，防止大雨天气下顶部悬式绝缘子形成雨帘导致外绝缘性能下降，引起最顶层电容器与地电位的绝缘间距变小而击穿导致直流滤波器退出运行。

【学习辅导】2008 年 5 月 3 日，某站出现雷暴雨及龙卷风恶劣天气，由于其直流滤波器采用悬吊式结构（如图 8-1 所示），悬式绝缘子顶端连接在接地的构架上，顶层电容器与悬式绝缘子相邻且电容器的一个接头连接在电容器支撑平台上，顶层悬式绝缘子串被雨水短接后导致顶层电容器与地电位的绝缘间距变小，顶层电容器自身承受的直流电压增大，引起电容器内部击穿，极Ⅱ两组直流滤波器均因此原因退出运行，极Ⅱ强迫停运。

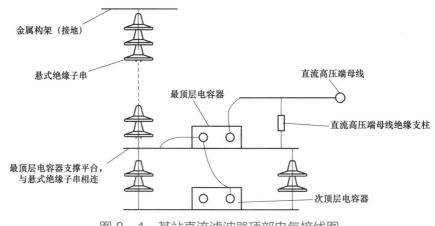

图 8－1　某站直流滤波器顶部电气接线图

8.2　选型制造阶段

8.2.1　新（改、扩）建工程户外电容器接至汇流排的接头应采用铜质线鼻子和铜铝过渡板结合连接的方式，不应采取哈夫线夹连接方式。

8.2.2　带熔丝结构的电容器单元选型时应采用内熔丝结构，电容器单元保护应避免同时采用外熔断器和内熔丝保护。

【学习辅导】单台电容器保护应避免同时采用外熔断器和内熔丝保护。某电网公司 2002～2006 年间投运的电容器存在内熔丝电容器采用外熔断器保护的情况，电容器单元元件击穿后无法及时跳闸，导致带缺陷运行，加速正常电容器单元的损坏。

8.2.3　电容器接头防鸟帽应选用高温硫化的复合硅橡胶材质并可反复多次拆装，不可选用易老化和脆化的塑料材料。

8.2.4　电容器端子间或端子与汇流母线间的连接应采用带绝缘护套的软铜线，不应使用硬铜棒或铜排连接，防止导线硬度太大造成接触不良，铜棒或铜排发热膨胀导致瓷瓶受力损伤。

8.2.5 交流滤波器电容器塔的层间净距需考虑以下两种方式，按二者的最大值进行设计：

1）按照层间的雷电和操作耐受电压，参考《绝缘配合标准》（GB 311.1—2012）表 A.1 选取对应的最小空气净距。

2）按照层间的最高运行电压，参考 GB 311.1 表 4 选取电容器层间的雷电冲击耐受电压，参考 GB 311.1 表 A.1 选取对应的最小空气净距。

8.2.6 电容器套管应采用滚压一体式结构，以防止套管渗漏油。

8.2.7 中性线冲击电容器单元应采用双套管结构。

8.2.8 电阻器应安装防雨罩防止雨水进入，防雨罩顶部应有坡度防止雨水聚集，电阻器风道应通畅。

8.2.9 交、直流 PLC 滤波器调谐装置内的电阻器选型应考虑谐波电流造成的电阻发热，正常运行时不应导致电阻过热后损坏。

8.2.10 电容器塔的支撑钢梁及等电位线连接处应有防止鸟类筑巢的措施，电容器等电位排以及连接电容器的多股软连接线、接头应进行绝缘化处理并满足设备散热的要求，防止鸟害引起故障跳闸。

【学习辅导】2017 年 7 月 23 日，某换流站 5612 BP11/13 交流滤波器不平衡保护动作跳闸，故障原因为 500kV 第一大组第二小组 5612 BP11/13 滤波器 13 分支电容器塔由于鸟害发生放电，导致高压电容器塔上产生较大的不平衡电流，达到了跳闸的定值，故障后保护正确动作，退出了故障滤波器并锁定。运维单位要加强滤波器设备运行监视，采取防鸟害措施，夜晚关闭滤波器场地照明，避免虫子招来鸟类，进一步研究电容器支架绝缘措施。

8.2.11 交、直流 PLC 滤波器电容器与调谐装置的连接线应安装绝缘护套，防止连接线与设备支架直接接触，造成短路放电。

8.3 基建安装阶段

电容器连接线安装时应有防止因变形或下垂导致与电容器身、均压环、层架的绝缘距离发生变化的措施，避免连接线与电容器外壳或均压环放电。

【学习辅导】2017 年 7 月 22 日，某换流站 5642 HP3 交流滤波器 B 相不平衡保护跳闸，原因为电容器套管接头至电容器塔下方线排连线安装工艺不当，相邻电容器套管与接线头近距离接触，雨水流过引线表面将 12 号电容器下侧套管接头与 11 号电容器下侧套管接头短路。

8.4 调试验收阶段

8.4.1 交、直流滤波器（除 C 型滤波器外）安装完成后需开展各元件现场测量与调谐频率试验，实测调谐频率与根据各元件的现场测量值计算而得的调谐频率误差应控制在 1%以内。

8.4.2 高压电容器三相电容量最大与最小的差值不应超过三相平均值的 5%，并应符合设计要求。

8.4.3 滤波器带电后不平衡电流应小于报警整定值的 50%，直流控制保护系统应进行补偿设置使不平衡电流测量值为零，防止电容器不平衡保护误动。

8.5 运维检修阶段

8.5.1 定期监视不平衡电流变化，发现不平衡电流增大接近跳闸值时应及时申请停运进行检查处理。

8.5.2 投运 5 年后应对中性线电容器和双极区域电容器进行检查，并结合电力设备预防性试验规程要求开展状态检测和评估，提前更换绝缘状况劣化的电容器。

9 防止干式电抗器故障

近年来，直流工程干式空心电抗器运行过程中暴露出的主要问题包括：

1）包封开裂受潮故障率高；

2）匝间短路烧毁问题频发；

3）交、直流复合运行工况的电抗器局部涡流过热问题突出。

为防范上述问题，本章主要对防止包封开裂工艺措施、导线绝缘膜抽检要求、原材料组部件和整体结构的绝热等级匹配性、运行维护要求等关键点进行了规范，提出了相关要求。

9.1 规划设计阶段

交流滤波器电抗器设计时应考虑在运行背景谐波适度增大的情况下电抗器不会过负荷。电抗器过负荷保护报警值与跳闸值之间应留有足够的裕度。

【学习辅导】2011 年 7 月 1 日，某站在运 4 组滤波器先后出现低压电抗器过负荷跳闸，在此过程中无功控制自动投入新滤波器，新滤波器投入后马上再次因电抗器过负荷而跳闸，调度下令执行极Ⅰ闭锁后滤波器频繁投切现象消失。经分析发现当前系统背景谐波增长较快，已达到设计值的上限，导致电抗器日常运行电流偏大，实际运行电流已接近保护动作值。

9.2 选型制造阶段

9.2.1 干式电抗器隔声罩顶部、底部均应设有防止鸟类进入的措施。

9.2.2 干式电抗器散热通道应保持畅通，防止局部发热引发设备烧损。

【释义】干式空心电抗器多在露天环境运行，污秽、杂物、鸟害等都会导致气道堵塞，使气道散热受到影响。严重情况下，会影响气道局部的电场分布，产生电场畸变，造成绝缘累积损伤并导致过热烧毁。

【学习辅导】2017 年 7 月 10 日，某站 5642 交流滤波器 C 相 L1 电抗器起火损毁，返厂解体检查发现层间存在堵塞部位导致局部散热不良。

9.2.3 户外装设的干式空心电抗器，最外层包封的外表面和最里层包封的内表面，应有防污和防紫外线措施。电抗器外露金属部位（如钢支架、钢基础等）应有良好的防腐蚀涂层。

9.2.4 高寒地区电抗器整体应采用耐低温、防开裂的工艺措施，并在产品表面采用 RTV－II（PRTV）涂层。

9.2.5 干式空心电抗器导线所使用的绝缘材料应进行试验，主要包括工频击穿电压试验、工频耐压试验、绝缘电阻测试；对于换位导线，还应开展直流电阻平衡率控制测试。

【释义】检测绝缘材料的电气性能(击穿和耐压)，剔除有缺陷的批次绝缘，利于导线绝缘性能的稳定。

9.2.6 干式空心电抗器导线所使用的绝缘膜应采用红外光谱检测进行抽检，抽检结果应满足绝缘薄膜材质要求；对不同批次绝缘膜应进行成分检测，成分应满足导线绝缘膜材质要求。

【释义】绝缘膜的材质可通过其化学结构去确定，而红外光谱是分析绝缘膜化学结构的有效手段之一；红外光谱可检测绝缘膜的材质是否与所要求的材质一致，确保导线绝缘性能满足要求。

9.2.7 采用换位导线的电抗器，在生产工序间应进行股层间绝缘检查。

【释义】电抗器股间绝缘缺陷虽然不如匝间缺陷引发匝间短路故障严重，但是也会影响电抗器的电气参数，对电抗器长期使用造成不利影响。工序间检测有助于在早期发现线圈隐藏的缺陷，便于在固化前及时消除线圈隐患。换位导线尤为必要。

9.2.8 需严格控制干式电抗器生产厂房的温度、湿度，避免干式电抗器材料吸潮发生水解，从而影响产品质量。

【释义】国内干式空心电抗器主要采用环氧/咪唑、环氧/酸酐两种体系，其中酸酐体系容易吸潮发生水解，水解后严重影响环氧包封的性能，从而影响产品寿命。使用环氧/酸酐体系时应严格控制厂房温度、湿度。

9.2.9 干式空心电抗器所使用的导线绝缘膜耐热等级应不低于包封体系的耐热等级。应优先选择 H 级耐热等级的导线绝缘材料，同时相对于标准规定值，实际规定的温升限值要有更大裕度，防止因裕度过小造成局部过热，影响电抗器长期稳定运行。

【释义】线圈整体绝缘耐热要求为不低于 F 级时，导线匝间绝缘应满足不低于 F 级绝缘。常用的干式空心电抗器导线绝缘材料有聚酯膜、聚酰亚胺膜等。聚酯膜耐热等级为 B 级，聚酰亚胺膜耐热等级为 H 级。由于聚酰亚胺膜绝热等级更优，但是成本远大于聚酯膜，为节省成本，个别制造厂家选用 B 级聚酯膜，容易导致匝间绝缘材料失效，从而容易发生匝间短路烧毁事故。

9.2.10 交、直流复合运行工况的电抗器在设计上下端汇流排时，应考虑优化汇流排支臂和集电环尺寸结构，避免运行时出现局部过热。

【学习辅导】某回直流工程运行期间发现交、直流叠加运行工况的桥臂电抗器汇流排和集电环容易出现涡流过热故障。为此，对于桥臂电抗器的汇流排和集电环应进行考虑交、直流叠加运行工况的优化设计，确保运行时不出现过热故障。

9.2.11 干式电抗器在出厂发运前、交接安装前，应全面检查玻璃纱拉带、导线（尤其是换位导线）等在包封端部引出位置的密封性，避免在引出位置出现凹陷、积水、受潮。

【学习辅导】某高压直流工程大型干式空心电抗器，交付到现场后检查发现存在端部密封性工艺不良造成积水受潮的缺陷。

9.2.12 电抗器包封与汇流排连接的引出线应预留足够的长度，设置缓冲弯，引线应固定良好。

【释义】电抗器运行时有较强的本体振动，引起异响，通过声学成像仪在现场检测发现很多。长期振动会引起金属疲劳，焊接点断裂。尤其是在包封和汇流排连接引出线位置，如果引出线没有留出足够的缓冲弯曲弹性裕度，在运行振动作用下引出线容易断裂。

9.3 基建安装阶段

9.3.1 隔音装置安装应符合设计要求，避免分流或环流产生局部过热。

9.3.2 对于在运伞形参数不满足要求的直流场绝缘子，应加装隔雨伞裙。

9.4 调试验收阶段

干式电抗器本体外部绝缘涂层、其他部位油漆应完好；本体风道应清洁无杂物。

9.5 运维检修阶段

对干式空心电抗器接头、金属附件和包封外表面开展红外观测，对局部过热现象及时停电检查分析和维修。每 2 年对干式空心电抗器进行一次专业检查，检查内容包括外观、内部风道、鸟类活动痕迹等。检查中如发现涂层有鼓包、起皮、龟裂、树枝状放电等现象，应进行重新喷涂；如发现通风条移位、包封绝缘损伤、汇流引线断股等情况，应及时进行维修。

【学习辅导】2018 年 3 月，在某站年度停电预试大修时发现，该换流站极Ⅰ直流滤波器 L2（2/2）干式电抗器、极Ⅱ直流滤波器 L2（2/2）干式电抗器汇流排下边沿出现过热灼烧发黑痕迹。运维人员及时更换备品，并将有问题的电抗器返厂修复处理，避免了设备事故和紧急停电事件的发生。

10 防止控制保护系统故障

近年来，直流工程直流控制保护系统运行过程中暴露出的主要问题包括：

1）硬件故障时有发生；

2）系统功能与逻辑设计不完善；

3）参数定值不合理。

为防范上述问题，本章重点针对控制保护系统的基本设计原则、软件信号处理方式、二次回路设计原则进行了规范，对控制保护系统故障处理、二次安全防护管理、运行期间的注意事项进行了强调。

10.1 规划设计阶段

10.1.1 新（改、扩）建工程直流控制系统应采用完全冗余的双重化配置。每套控制系统应有完全独立的二次设备，包括主机、板卡、电源、输入输出回路和控制软件，不应有公用的输入/输出（I/O）设备。在两套控制系统均可用的情况下，一套控制系统任一环节故障时，不应影响另一套控制系统的正常运行，也不应导致直流闭锁。

> 【释义】为了保证直流控制保护装置任何单一元件故障不会引起控制保护的不正确动作，控制保护装置故障退出及检修时不影响直流系统的正常运行，直流控制保护一般采用完全双重化或者三重化的结构。

10.1.2 非运行状态的直流控制保护系统中存在跳闸出口信号时切换逻辑不得允许主机切换到运行状态，并发出告警，避免误动作出口跳闸。

【学习辅导】2013 年 3 月 5 日，某站因极控单套系统的电流测量板 PS862XP 板卡故障，由于该保护的事件报警、系统切换等被屏蔽，运行人员无法发现该套保护采样的差动电流异常，控制极切换后保护开放，直接动作出口导致闭锁。

10.1.3 冗余直流控制保护系统的信号电源应独立配置，取自不同直流母线并分别配置空开，防止单一元件故障导致两套系统信号电源丢失。

【学习辅导】某站极控屏和换流变压器测控屏信号电源不满足冗余条件，通过 RS936 切换装置后输出一路同时供两套控制保护系统（如图 10-1 所示）。装置故障或输出回路端子松动时，信号电源丢失可能造成保护拒动。

图 10-1 极控屏和换流变压器测控屏信号电源存在公共元件

10.1.4 设备的自诊断功能应能覆盖包括控制保护主机、电源、测量回路、输入/输出回路、通信回路、所有的硬件和软件模块在内的整个设备和接口。应根据故障情况采取相应措施，确保控制保护系统单一元件故障不引起控制系统异常或保护系统不正确动作而引起直流闭锁，并提供足够的信息以便于准确定位故障。

【释义】自诊断或者自检功能，是提高控制保护装置可靠性的有效措施之一。直流控制保护装置应在运行期间，持续检测装置各部位的状态，发现装置故障部位，根据故障严重程度和可能的后果，及时发出报警，并自动采取系统切换、闭锁部分功能、退出运行、闭锁直流等操作。

【学习辅导】2008 年 7 月 9 日，某站极 I 控制保护 B 系统 PCI 板卡故障，换流变压器大差保护动作，闭锁极 I。该主机 PCIC.DSP3 经 TDM 总线从交流站控主机读取换流变压器进线开关电流后，经 LinkPort 转送到 PCIC.DSP4，在 DSP4 内完成大差保护差动电流的计算。交流场录波显示换流变压器进线开关电流正常，但换流变压器保护录波则显示这六个电流均瞬时变为零。分析后认为本次保护误动由 DSP3、DSP4 之间的 LinkPort 故障引起，为此增加了对 DSP 之间通信通道 LinkPort 的自检，检测到 LinkPort 通信故障时，闭锁相关保护，并将该主机退出运行。

10.1.5　新（改、扩）建工程直流控制保护系统应具备整定值越限自锁告警功能，防止操作过程中输入的功率目标值、参考电流值、升降速率值越限。

10.1.6　SCADA 系统 SCM 服务器、远动服务器（工作站）、站 LAN 网、主时钟及运行人员工作站等均应冗余配置。SCADA 冗余系统均故障时不应影响直流控制保护系统正常运行，运行人员应能通过后备或就地控制系统完成操作。

10.1.7　直流控制保护系统 LAN 网设计，应在保证各个冗余系统数据传输可靠性的基础上，优化网络拓扑结构，避免存在物理环网，选用的 LAN 网交换机、主机应具有网络风暴防护功能并通过网络风暴防护功能测试，防止网络风暴造成直流强迫停运。

【释义】通过网络风暴试验验证控制保护主机抗网络风暴的能力，确保该情况下不会出现多台主机故障。

【学习辅导 1】2004 年 12 月 22 日，某站双极控制保护系统监视到系统紧急故障，极 I、极 II 闭锁，故障原因为控制系统 SCADA LAN 网络结构中物理环网过多，一旦发生网络广播风暴将导致网络节点瞬时数据吞吐量急剧增大，若节点交换机故障将导致整个网络阻塞，导致极闭锁。

【学习辅导2】2015 年 7 月 19 日，某站双极控制保护系统 CTRL_LAN 发生网络风暴，造成三台双极保护主机均死机，双极控制系统检测到双极保护不可用后启动 S_stop，30min 内将双极功率降至 0MW。

10.1.8 交流滤波器开关、低压电容器和电抗器开关、站用电进线开关等设备保护跳闸后，应通过锁定开关等措施避免反复投切和故障扩大。

【学习辅导】2021 年 2 月 19 日，某站 35kV 低压电抗器进线开关柜发生电缆接地故障，保护动作切除低压电抗器，因低压电抗器切除后开关未锁定，且 500kV 交流电压较高，无功控制再次投入该低压电抗器，保护再次动作切除低压电抗器。在此过程中低压电抗器反复投切共 11 次，造成 35kV 开关柜设备严重损坏，并引起直流系统连续 11 次换相失败。

10.1.9 直流控制保护系统的关键参数应通过仿真计算给出建议值，并经过控制保护联调试验验证。保护定值的选取应保证在设计边界范围内，所有直流保护之间的配合正确。直流控制保护系统功能和定值应根据直流系统的运行方式动态配置和调整，自动适应工程设计的所有运行方式，并且不应在运行方式切换过程中出现误动或拒动。

【释义】控制保护联调试验是发现直流控制保护系统软硬件设计缺陷，验证控制保护系统功能、参数正确性的重要手段。部分直流系统投运初期系统条件较弱，投运后随着新机组投入新线路投运，系统参数发生变化，直流控制保护系统部分参数和定值若未及时调整则可能引起控制保护功能异常。

【学习辅导】2012 年 6 月 9 日，某电网线路故障引起某站换相失败，导致单元 I 过流保护动作闭锁。原因为相关电厂扩建新机组，系统参数发生变化，导致换相失败引起的直流电流最大值由原来保护定值的 80% 上升到 103%，满足过流保护定值而闭锁直流。

10.1.10 直流系统保护（含双极/极/换流器保护，换流变压器保护，交、直流滤波器保护）采用三重化或双重化配置。每套保护均应独立、完整，各套保护出口前不应有任何电气联系，当一套保护退出时不应影响其他各套保护运行。

【学习辅导】2008年11月26日，某站单元Ⅱ阀短路保护动作闭锁，保护误动是由光CT通道关闭引起的。该站原设计方案中，直流电流光CT配置两路测量通道，而保护按三重化配置，所以一路测量通道故障就会引起两路保护装置同时动作，"三取二"出口闭锁直流系统。

10.1.11 除双极区域部分保护外，采用三重化配置的直流保护，三套保护均投入时，出口采用"三取二"模式；当一套保护退出时，出口采用"二取一"模式，当两套保护退出时，出口采用"一取一"模式，任一个"三取二"模块或装置故障，不应导致保护拒动或误动。

【释义】部分特高压工程为降低误动风险，当一套保护退出时，双极中性母线差动保护、接地极引线差动保护出口采用"二取二"模式。

10.1.12 采用双重化配置的直流保护，每套保护应采用"启动+动作"逻辑，启动和动作的元件应完全独立，不得有互相影响的公共部分。

【学习辅导】2005年5月7日，某站极Ⅰ换流变压器保护B测量板卡故障，保护B绕组差动保护动作，闭锁极Ⅰ。该站换流变压器保护按双重化配置，但保护装置既未采用"启动+动作"逻辑，单套保护动作后也不通过保护切换避免误动，存在保护装置单一元件故障引起直流系统停运的风险。

10.1.13 直流保护系统检测到测量异常时应自动退出相关保护或者切换测量总线，测量恢复正常后应自动投入相关保护功能，防止保护不正确动作。

【学习辅导】2003年6月27日，某站极控制保护接口板卡故障后保护误动导致极闭锁。由于用于保护计算的PCIA/DSP1故障，且装置自检功能不完善无报警信号，造成换流变压器阀侧电流计算值产生偏差，引起交、直流侧差动电流过大，保护出口。

10.1.14 直流滤波器运行时，控制保护系统监测到直流滤波器电子式或光纤式直流电流互感器回路异常时，应退出相关保护功能，不应发紧急故障报警；直流滤波器未投入运行时，控制保护系统监测到直流滤波器电子式或光纤式直流电流互感器测量回路异常时应发轻微故障报警。

10.1.15 直流转换开关保护延时应大于开关正常熄弧时间，防止转换开关拉开但电弧暂未熄灭时，直流转换开关保护检测到电流后重合转换开关导致运行方式转换失败。

10.1.16 顺控逻辑中判断直流刀闸位置延时应大于实际直流刀闸位置状态返回时间，避免顺控操作失败。

10.1.17 换流站应严格遵守《电力二次系统安全防护规定》，坚持"安全分区、网络专用、横向隔离、纵向认证"的原则，制定网络安全防护设计方案，落实边界防护、本体安全、网络安全监测等防护要求。网络安全防护技术措施应当跟随电力监控系统同步规划、同步建设、同步使用。

10.1.18 冗余的控制系统间应具备完善的同步机制，防止因主备系统信号差异导致控制系统切换后造成电网较大功率扰动或直流闭锁。

【学习辅导】 2011 年 6 月 3 日，某柔直站运行于无源模式，运行系统由 A 套切换至 B 套后，高频分量保护动作。原因为柔性直流系统孤岛运行时，网侧交流电压锁相相位由运行系统自产所得，运行系统和备用系统分别自产锁相相位，由于运行系统和备用系统自产相位没有做同步处理，两套系统自产相位不一致，所以运行系统由 A 套切换至 B 套后存在相位扰动，导致参考波发生较大的相位突变，引起阀侧电压、电流出现谐波，高频分量保护动作。后续对直流控保程序进行升级，孤岛运行时锁相相位由运行系统自产所得，备用系统跟踪运行系统锁相相位，保证两套控制系统锁相相位一致，系统切换过程中无相位扰动。

10.1.19 当冗余的柔直控制保护系统间失去同步后，应防止系统切换造成调制波偏差量过大导致直流闭锁。

10.1.20 多端柔性直流与柔性直流电网中，应设置定直流电压控制站。当定直流电压控制站退出运行后，应有其他换流站自动转为定电压控制，保障整个直流系统的电压稳定。

> **【学习辅导】** 2020 年 3 月 7 日，某柔直工程三端运行，当 A 站换流器由"运行"方式调整为"充电"时，C 站直流低电压保护 II 动作，三站连跳。经分析，A 站闭锁后，由于 C 站处于无源运行工况，未能接管定直流电压控制，而 B 站在设计中未考虑直流电压接管功能，A 站闭锁后，系统失去定直流电压控制站，直流电压跌落至 321kV 进而触发直流低电压 II 段保护动作。现已通过运行方式预控规避该风险。

10.2 选型制造阶段

10.2.1 直流控制保护软件应具备软件编译自检功能，防止底层代码与可视化逻辑界面对应变量不一致导致直流误闭锁。

> **【学习辅导】** 2016 年 2 月 28 日，某站由于保护软件底层代码错误，将极 II 低端换流器旁路刀闸分位信号定义为合位信号，程序误判极 II 低端换流器处于运行状态（实际在停运状态），导致极 II 换流器连接线差动保护错误投入，引起极 II 高端换流器闭锁。

10.2.2 无功控制逻辑中小组滤波器是否可用应综合考虑大组滤波器母线电压和大组滤波器开关状态进行判断，避免大组滤波器开关断开时误判小组滤波器可用或处于运行状态，导致无功需求不满足引发直流功率回降或直流闭锁。

> **【释义】** 无功控制逻辑若仅以小组交流滤波器开关状态作为滤波器投退判据，在交流场大组滤波器进线开关断开，大组滤波器母线失电的情况下，因小组滤波器开关未分开，导致无功控制不投入新的滤波器小组，引起无功需求不满足，直流系统功率回降，极端情况下可能导致直流系统闭锁。

10.2.3 无功控制逻辑中,判断滤波器正常投入的延时应大于滤波器开关合闸状态返回的实际时间,避免频繁投切滤波器。

【学习辅导】2014 年 3 月 12 日,某站短时间内投入两组 HP24/36 小组滤波器,由于电压过高,控制将其中一组滤波器切除。交流滤波器没有按照最小滤波器投切逻辑进行投切。无功控制中判断滤波器的投入时间(400ms)较短,实际滤波器开关合闸状态返回的时间大于了 400ms,软件认为该组滤波器没有投入,继而又投入一组滤波器,导致投切紊乱。

10.2.4 直流无功控制功能发出切除交流滤波器指令后,若在窗口时间内未收到交流滤波器进线断路器分位信号,应报严重故障并切换系统。交流滤波器切除失败后速切同类型滤波器的延时应与系统切换时间相配合。

【学习辅导】2021 年 11 月 30 日,某站因现场总线异常引起交流滤波器开关位置信号上送时间超出设定值,直流站控主机判断开关分闸失败,再次发出切除交流滤波器命令,两组交流滤波器切除后绝对最小滤波器不满足,导致直流功率回降。

10.2.5 整流站极控低压限流(VDCOL)控制功能应躲过另一极线路故障及再启动的扰动,防止一极线路故障导致另一极控制系统误调节。

【学习辅导】2014 年 7 月 31 日,某直流工程极Ⅰ线路故障时,极Ⅰ线路再启动期间极Ⅱ直流系统低压限流(VDCOL)动作,功率大幅降低不利于系统稳定。

10.2.6 换流变压器进线电压失压判断应综合电压互感器空气开关位置信号和交流电压判据,防止空气开关接点异常导致控制系统紧急故障。

【释义】国内某些早期直流工程直流控制保护系统仅根据进线电压互感器空气开关位置信号判断是否存在紧急故障,若位置节点松动易造成单套系统不可用,应增加交流低电压判据。

10.2.7 直流控制保护系统应配置换流变压器分接开关档位越限和跳变监视功能,避免因档位变送器故障或采样板卡故障导致电压应力保护误动。

【释义】直流控制保护系统未配置换流变压器分接开关档位越限和跳变的监视功能,因换流变压器就地的档位变送器故障或控制保护的采样板卡故障,存在不同换流变压器档位相差过大而导致电压应力保护误动的风险。

10.2.8 直流控制保护系统关键元器件(包括芯片、光器件、功率器件、电容、插接件等)和板卡应选用有成熟应用经验的产品,按照标准开展入厂检测和筛选。

10.2.9 新(改、扩)建工程直流控制保护核心板卡或芯片应具有自检和自纠错功能,避免因内存出错等底层硬件故障导致跳闸信号的误出口。

【学习辅导】2020 年 1 月 14 日,某直流工程极Ⅰ高端阀控主机处理器板卡内存异常变位导致闭锁。原因为该站阀控主机芯片内存"软错误"导致内存单元存储的内容发生了变化,进而导致 DSP 实际逻辑与设计的逻辑出现偏差,在没有跳闸信号输入的情况下发出了跳闸指令,导致跳闸信号误出口。

10.3 基建安装阶段

10.3.1 直流控制保护装置安装应在控制室、继电器室等建筑物土建施工完成并且联合验收合格后进行,不得与土建施工同时进行。在安装环境未满足要求前,不应开展控制保护设备的安装、接线和调试。在设备室内开展可能影响洁净度的工作时,须做好设备的密封防护措施。当施工造成设备内部受到污染时,应返厂处理并经测试正常后方可使用。

【学习辅导】避免土建期间的灰尘、静电等引起直流控制保护装置性能劣化。某直流工程投运后光 CT 接口板故障频繁,测试故障板卡发现激光发射模块故障,分析认为这与施工期间的灰尘、静电有关。年度检修期间更换了所有光 CT 接口板,运行两年来未再发生光接口板故障。

10.3.2　直流控制保护设备安装时，应严格按照《电气装置安装工程 盘、柜及二次回路接线施工及验收规范》（GB 50171—2012）要求施工，重点加强屏柜、主机、板卡、光纤、连接插件等部件固定、受力、屏蔽、接地情况排查，防止因安装工艺控制不良导致的设备损坏或故障。

【学习辅导】2006 年 6 月 26 日，某站主机 PCI 板卡电缆固定位置距离较长，使板卡受力造成接触不良，导致 PCI 板卡连接异常，与主 CPU 数据通信错误，误发信导致极闭锁。

10.4　调试验收阶段

10.4.1　设备制造厂家应合理配置控制保护系统逻辑和定值，提供整定说明，厂内试验和联调阶段应对控制保护系统策略和逻辑进行试验验证，并严格履行出厂检验手续。

【学习辅导】2008 年 10 月 29 日，某站华北侧交流系统受到扰动，引起极控系统换相失败导致直流电压降低，由于潮流反转保护的启动判据不正确，判断电压发生了极性改变且符合电流条件，直流保护潮流反转保护动作。

10.4.2　现场实施直流控制保护系统软件修改前，应充分开展厂内试验验证，具备条件时还应开展现场实施后补充试验验证。现场实施时必须核对校验码或版本信息，确保修改逻辑无误。

【学习辅导】2017 年 2 月 8 日，某直流工程双极降压运行工况下，执行极Ⅱ闭锁输入功率指令 0 后，极Ⅱ正常闭锁，极Ⅰ功率由 99MW 速降至 7.5MW 的原因是修改极控软件时将触发记录极Ⅱ闭锁时刻前的两极的直流功率和中的一个信号改为 FALSE，导致记录的两极的直流功率和始终为零，引发功率速降。如修改程序后能够充分测试，可避免程序出现类似问题。

10.5 运维检修阶段

10.5.1 运维单位应加强二次安全防护管理，防止感染病毒。

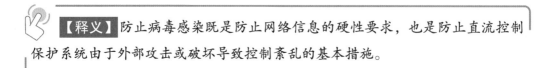

【释义】防止病毒感染既是防止网络信息的硬性要求，也是防止直流控制保护系统由于外部攻击或破坏导致控制紊乱的基本措施。

10.5.2 直流系统一极运行、一极停运时，禁止对停运极中性区域互感器进行注流或加压试验。

10.5.3 小组交流滤波器停电检修时，在未采取一、二次隔离措施前，严禁对小组交流滤波器电流互感器注流，避免影响其他滤波器的运行。

11 防止测量设备故障

近年来，直流工程测量设备运行过程中暴露出的主要问题包括：

1）二次回路设计选型不当；

2）元器件耐候性较差；

3）测试标准与平台有待完善。

为防范上述问题，本章主要对测量设备的二次回路设计、元器件筛选、冗余性能、环境耐受能力等关键点进行了规范，提出了相关要求。

11.1 规划设计阶段

11.1.1 测量装置应根据换流站站址气候条件、环境特性进行选用，应满足站址和标准规定的温度、振动、潮湿以及电磁环境等条件要求，测量装置的传感光纤、调制器、远端模块、采集单元等户外布置组部件应选择耐低温与高温、抗震、抗电磁干扰强的元器件，并采取可靠耐温度变化、防震、防潮、防电磁干扰措施，且通过规定的试验考核，合格后方可选用。

【学习辅导 1】2021 年 1 月 7 日，某站直流场 28 台光 CT 中，13 台在 −32℃以下时测量异常。温度回升 CT 恢复过程中，因差流过大相继导致极 II 双换流器和极 I 高端换流器闭锁。

✎ 【学习辅导2】2020 年 12 月 31 日，某站光 CT 防雨罩与光 CT 调制罐在风雨天气下，振动导致测量电流突变，极Ⅰ直流滤波器差动保护动作后闭锁。

11.1.2 新（改、扩）建工程直流分压器低压臂至电阻盒信号若配置屏蔽双绞线，应采用双套冗余配置，双套屏蔽双绞线不应安装于同一波纹管中，双绞线应维持双绞状态直至最终接线处，不得提前打开。

11.1.3 采用电信号传输的直流分压器，一次本体至二次屏柜间信号回路应采用多芯冗余配置，避免由于单个端子松动导致冗余控制保护系统直流电压测量异常。电缆接地应符合厂家技术要求。

11.1.4 测量装置应具备完善的自检功能，当远端模块或采集单元出现 A/D 采样异常、电源异常、数据发送异常、光路异常等测量回路异常时，应能及时产生报警信号送至控制保护装置，防止因测量异常、装置故障导致控制保护误动作。

✎ 【学习辅导】2016 年 2 月 6 日，某站 PCPB 套报"线路纵差保护负极线路 0 跳闸"，并发出联跳命令，四站停运。此后 PCPB 套相继报出"2 号板卡合并单元品质位故障""8 号板卡合并单元品质位故障""9 号板卡合并单元品质位故障"。直流控保系统配置了收到合并单元品质位故障后，闭锁相关保护的逻辑，但是由于合并单元品质位故障信息上送存在延时，控保装置未能及时对保护进行闭锁操作，导致直流线路纵差保护动作。

11.1.5 新（改、扩）建工程冗余控制保护系统的测量回路应完全独立，电子式 CT、采用光信号传输的直流分压器远端模块应最低采用 3 套主用加 2 套热备用配置，纯光 CT 的光纤传感环及采集单元应最低按 3 套主用加 1 套热备用配置，且需做好热备用通道光纤至接口屏的光纤连接，可实现测量通道不停电更换。

11.1.6 除电容器不平衡 CT、滤波器电阻/电抗支路 CT 以及直流滤波器低压端测量总电流的 CT 之外，保护用电磁式 CT 应根据相关要求选用 P 级或 TP 级，避免保护误动。

【学习辅导】某站因 CT 选型错误，导致保护误动作。该站换流变压器阀侧套管 CT 二次绕组仅一个 TPY 次级，其他绕组均为测量级。两套换流变压器保护接入 TPY 次级，两套直流保护接入了 0.5FS 次级。2006 年 6 月 21 日发生区外故障时，极Ⅰ和极Ⅱ换流变压器套管 0.5FS 次级 CT 饱和，换流阀 D 桥差保护Ⅳ段动作，双极停运。

11.1.7　测量装置的电压、电流回路和模块应能够满足直流控制、保护、录波等设备对回路冗余配置的要求，应防止单一元件故障导致保护误出口。直流控制或保护系统装置间或装置内的冗余元件的测量回路应完全独立，不得共用。

【学习辅导】2011 年 5 月 10 日，某站极Ⅱ极母线直流分压器故障导致测量电压产生大范围变化，引起闭锁。该站直流分压器端子箱内二次分压板设计不合理，单个光电转换板卡故障对二次分压板整体电阻值影响较大，较大程度地改变了分压器分比，造成测量电压大幅变化。

11.1.8　新（改、扩）建工程电子式 CT 电阻盒测量回路、远端模块输入端口、零磁通 CT 二次端子应禁止采用压敏电阻、气体放电管等限压元件，避免由于器件故障短路后导致保护误动或控制系统故障。

【学习辅导】2020 年 12 月 13 日，某换流直流极Ⅰ低端换流器三套差动保护动作，极Ⅰ低端换流器强迫停运。现场检查发现电子式光 CT 测量回路公共端电阻盒内部压敏电阻性能劣化导致短时击穿阻值到零，引起保护误动。

11.1.9　零磁通 CT 电子模块饱和、失电报警信号应接入直流控制保护系统，并能及时闭锁相关保护或给出告警提示。

11.1.10　光纤传输的 CT、直流分压器传输回路应选用可靠的光纤耦合器，户外采集单元接线盒有防止接线盒摆动的措施。采集单元应满足安装地点极端运行温度要求和抗电磁干扰要求。新（改、扩）建工程测量装置的调制箱、二次端子箱应满足 IP67 防护等级，并采取相应的驱潮措施，避免调制箱、二次端子箱受潮后输出异常电流。

【学习辅导】2018 年 11 月 17 日，某站极Ⅱ UDM 测点远端模块箱体盖板密封条破损，低压臂至远端模块箱体的信号线进线孔及进线孔波纹管内积水，造成 UDM 测量异常，保护误动作。

11.1.11　电压、电流测量装置端子箱进线孔与穿管孔应有保护、固定措施，端子箱内电缆（尾缆）应留有足够裕度，防止由于沉降等引起电缆（尾缆）下移后被进线孔边缘划伤。

11.2　选型制造阶段

11.2.1　采用电信号传输的直流分压器应具有二次回路防雷功能（如在保护间隙回路中串联压敏电阻），防止雷击引起放电间隙动作导致直流闭锁。

【学习辅导】2015 年 9 月 19 日，某站近区雷击导致站内地网电压抬高，同时造成极Ⅰ、极Ⅱ直流分压器二次分压板保护间隙击穿、未能熄弧，致使直流电压始终无法建立，进而引起直流线路欠压保护动作。因线路故障互相闭锁另一极的再启动逻辑，导致双极同时停运。

11.2.2　电子式 CT 分流器、电阻盒、远端模块之间连接端子、导线应具备有效的防氧化措施，并采用可靠的屏蔽措施。

11.2.3　纯光 CT 传感环内不同测量通道的传感光纤应分槽或分层布置，避免光纤纠缠，保偏光纤应选用耐温度冲击类型产品，避免低温影响其光学性能。

11.2.4　新（改、扩）建工程直流电流测量装置的一次部件和二次部件应采取有效的抗高低温措施，并开展温度循环准确度试验，户内部分试验温度范围为 -10℃～ +55℃，户外部分试验温度范围为 -45℃～ +70℃，在额定一次电流下误差不得超过规定限值。试验结果需包含在产品型式试验报告中。

11.2.5　测量装置应开展电磁兼容发射试验和抗扰度试验，发射试验满足 1 组 A 级限值要求；抗扰度试验评价准则为 A 级，其中静电放电抗扰度试验、射频电磁场辐射抗扰度试验严酷等级为 4 级。

11.2.6 为保证入网产品质量，应开展激光器、光电池、光源、光纤、光电探测器、光通信收发模块、光纤端子等关键元器件和整机的抽检试验，每批次产品应至少抽样一套关键元器件和一台整机开展抽检试验。

11.3　基建安装阶段

11.3.1　直流测量设备厂家应提供站内所有光 CT 合并单元、电子单元的原始参数表，并完成参数核对，运维阶段如需开展参数修改，应履行相应的审批手续。

11.3.2　若测量装置光纤需穿管，应确保不同回路独立穿管，并做好防水措施，避免由于穿管进水结冰导致的测量异常。

11.3.3　测量装置光纤现场熔接不应在雨天、风沙、雾霾等恶劣天气开展，熔接时应确保熔接断面平整清洁，熔接后应进行拉力测试，测试后应检查是否断裂。

11.3.4　零磁通 CT（如有）绕组接线端子不应采用具有限压功能的稳压端子，避免测量电流突变时，绕组电压上升导致的稳压端子击穿。

11.3.5　采用电信号传输的直流分压器二次分压板应安装在机箱内，或安装时与屏柜采用可靠的绝缘措施，避免绝缘异常导致的直流电压跌落。

11.3.6　测量设备的二次装置安装应在控制室、继电器室土建施工结束且通过联合验收后进行，防止装置及光纤端面受污染影响其长期稳定运行。调试阶段开始前必须完成光纤回路端面检查。

> **【学习辅导】**某站 2013 年至 2015 年，测量系统光接口板卡故障 15 起，分析发现故障为基建阶段积灰导致激光器沾污引发。

11.3.7　测量装置的光纤传输回路在光纤连接件插入法兰前，应使用专用清洁器对端面进行深度清洁，使用光纤端面仪检测光纤端面质量，防止端面污染引起光纤衰耗增大导致测量系统故障。

11.3.8　直流分压器均压环的安装位置应合理，避免安装位置过低而导致设备外绝缘有效干弧距离过小。

11.4 调试验收阶段

11.4.1 应进行测量装置传输环节各装置、模块断电试验以及光纤抽样拔插试验，检验单套设备故障、光纤通道故障时不会导致控制保护误出口。

11.4.2 应开展测量设备准确度检查，准确度检查时应考虑直流输电系统各类运行工况。

11.4.3 应进行测量回路接线端子、光纤紧固检查，确保端子无松动或虚接，防止连接不良。

11.5 运维检修阶段

11.5.1 电流测量装置本体、二次测量装置、就地接线箱、光纤回路等检修后，如存在可能影响极性的作业，应检查确认 CT 极性。

11.5.2 电磁式电压互感器谐振后（特别是长时间谐振后），应进行励磁特性试验并与初始值比较，其结果应无明显差异。严禁发生谐振后未经检查就合上断路器将设备重新投入运行。

12 防止电缆及二次回路故障

近年来，直流工程电缆和二次回路运行过程中暴露出的主要问题包括：

1）电缆绝缘异常导致设备跳闸事件频发；

2）二次回路设计、抗干扰措施需进一步规范；

3）电缆防火隔离措施落实有待加强。

为防范上述问题，本章重点对电缆敷设、电缆防火隔离措施、重要二次回路防误动等关键点进行了规范。提出了防止火灾蔓延、电缆损伤、交直流串电、二次回路异常导致设备误动等方面的各阶段防范措施。

12.1 规划设计阶段

12.1.1 新（改、扩）建工程低压动力电缆、控制电缆同沟敷设时，动力电缆与控制电缆之间分层敷设距离应满足规程要求并采用防火隔板隔离。

【释义】考虑防火因素，将高低压电缆分层布置，意在减小低压电缆故障时对高压电缆的影响。考虑到低压电缆故障率高、防火能力差，同通道敷设时若无隔离措施易引起高压电缆故障，与电力电缆同通道敷设的低压电缆、通信光缆等应穿入阻燃管，或采取其他防火隔离措施，并开展阻燃防火材料防火性能到货抽检试验。

12.1.2 新（改、扩）建工程应合理规划二次电缆的路径，避免或减少迂回，缩短二次电缆的长度降低回路对地电容。对外部开入直接启动跳闸（如非电量保护跳闸等）

以及开入后影响较大（如失灵启动、直流闭锁等）的重要回路，应采用大功率继电器或采取软件防误等措施。

> 【学习辅导】2012 年 12 月 21 日，某站功率调整过程中投入并联电容器投入时产生大量高频谐波电流，通过地网传导到了交流开关保护装置长电缆（约 200m），产生的电压超过光耦动作电压，保护动作跳开换流变压器进线断路器，闭锁极Ⅱ。

12.1.3 电缆夹层、电缆竖井内应设置火灾预警监测装置，并定期检测，确保动作可靠、信号准确；电缆夹层、竖井、电缆主沟交叉处应设置自动灭火装置。

> 【释义】运行人员无法实时掌握换流站夹层、电缆隧道内运行情况，为了预防电缆火灾事故，可在重要电缆隧道、夹层加装温度探测、温度在线监测和烟气监视报警系统。温度在线监测系统可实时探测隧道和夹层环境温度，发现异常立刻报警，烟气监视报警系统可即时发现火情，避免事故扩大。

12.1.4 低压直流系统两组蓄电池的电缆应采用阻燃电缆，分别铺设在各自独立的通道内，不宜与交流电缆并排铺设，对无法设置独立通道的应采取阻燃、加隔离护板或护套等措施。蓄电池组电缆的正极和负极不应共用一根电缆。在穿越电缆竖井时，两组蓄电池电缆应加穿金属管。

> 【释义】蓄电池出口电缆严禁发生短路故障，一旦发生短路将产生巨大的短路电流，目前低压直流系统中没有任何保护措施可以切断故障电流，故障将最终发展为蓄电池着火爆炸的恶性事故。

12.1.5 跳闸回路不应采用动断接点，防止回路中任一端子松动或者直流电源丢失导致继电器失磁，跳闸误出口。

> 【学习辅导】2004 年 1 月 11 日，某站由于换流变压器分接头紧急跳闸回路采用动断回路，极Ⅱ Y/Y-C 相紧急跳闸回路接线松脱导致常动断接点公共端失电，闭锁极Ⅱ。

12.2　选型制造阶段

严把电缆入网关，明确各种电缆的技术规范、质量要求和验收标准，加大控制电缆质量抽检工作力度，严格落实电缆交接验收工作要求。

【学习辅导】2020 年 10 月 15 日，某站在断开状态的 50331 断路器 B 相刀闸非正常合闸，造成 B 相接地，500kV 交流线路双套保护动作。

事故调查发现该站投运后站内频发直流系统接地、SF_6 电流互感器 SF_6 压力低告警、刀闸（地刀）变位等事件，经排查均为电缆绝缘不良导致。2014 年该站更换 ZR–KVVP2–22 4x1.5 电缆约 2600m，2015～2019 年更换电缆 5600m，更换后该直流系统基本恢复正常。现场对故障电缆内芯进行外观检查，发现导线间包裹不紧密，手抠、拽，可直接将绝缘层剥离，控制电缆质量不良是引起本次事故的直接原因。

12.3　基建安装阶段

12.3.1　电缆敷设前应检查核对电缆型号、规格符合设计要求，检查电缆线盘及其保护层完好，两端无受潮。电缆敷设前，应对电缆进行绝缘测试，测试结果符合相关标准规范后进行敷设。

12.3.2　电缆敷设过程中应严格控制牵引力、侧压力和弯曲半径，严防电缆敷设和电缆头制作过程中损伤电缆及芯线绝缘。

【学习辅导】2020 年 2 月 22 日，某站极Ⅰ高端 Y/Y–A 相换流变压器 3 号分接开关轻瓦斯动作，闭锁极Ⅰ高端阀组，检查极Ⅰ高端 Y/Y–A 相换流变压器 3 号分接开关轻瓦斯继电器接线盒至换流变压器控制柜信号电缆由于施工不规范造成绝缘破损（如图 12–1 所示）。

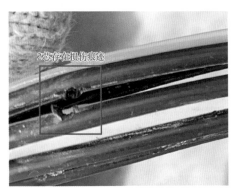

图 12-1   施工不规范造成电缆破损

12.3.3   端子排交、直流电源之间、正负电源之间、正电源与分合闸回路之间、正电源与启动失灵回路之间应以空端子或绝缘隔板隔开。

12.4   调试验收阶段

12.4.1   检查一、二次电缆,不同电压等级电缆分沟分层敷设满足要求,核实电力电缆同沟敷设线缆的防火隔离措施满足要求。

12.4.2   应对所有直流电源及二次回路进行绝缘测试,测试前应采取防止弱电设备损坏的安全技术措施,测试结果符合相关标准规范要求。

12.5   运维检修阶段

12.5.1   加强动力电缆接头的红外测温,发现温度异常时应加强监视,必要时申请停电及时处理。

【学习辅导】2013 年 7 月 29 日,某站在进行设备柜内红外测温作业时,发现极 I 低端 Y/Y-A 相换流变压器汇控柜内冷却器母排进线电缆 C 相接线盒处严重发热至 204.3℃(见图 12-2),打开接线盒后发现 C 相电缆已烧蚀严重,并随时可能出现明火引燃柜内其他设备。

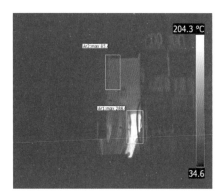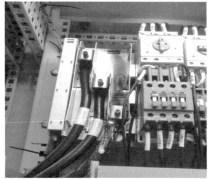

图 12-2 电缆严重发热

12.5.2 年度检修期间应做好跳闸回路和重要测量回路电缆芯对地、芯间绝缘的检查，并对绝缘电阻试验数据进行纵向、横向比对分析，及时发现电缆故障缺陷。

【学习辅导1】2020年7月9日，某站单元Ⅱ控制B系统发"单元Ⅱ×侧换流变C相本体压力释放阀1告警""换流变接口柜智能终端紧急故障出现"，单元Ⅱ控制B系统退至"OFF"状态，现场开展故障检查处理工作时将单元二控制B系统打至TEST状态。故障处理时，单元Ⅱ控制A发"单元Ⅱ×侧换流变C相本体压力释放阀1告警""换流变接口柜智能终端紧急故障"告警，单元Ⅱ直流系统闭锁跳闸。检查发现×侧C相换流变压力释放阀告警接点的接线端子受潮，压力释放阀告警信号电压下降至55%～70%时，智能终端判断开入板输入不正常并发出紧急故障告警，控制系统接收到智能终端紧急故障信息后退出运行，双套控制系统均退出后直流闭锁。

【学习辅导2】2020年2月22日，某换流站换流变压器轻瓦斯跳闸回路电缆绝缘下降导致极Ⅰ高端闭锁。进一步检查发现极Ⅰ高端Y/YA相换流变压器气体继电器接线盒至换流变压器控制柜之间8芯电缆中的2芯存在损伤痕迹，该2芯为分接开关轻瓦斯接点电源线和信号线，电缆损伤后芯间绝缘降低导致保护误动。

12.5.3 应定期开展电缆通道开盖板检查，检查电缆沟排水孔、防火墙和沟道体破损情况，杜绝电缆沟内积水浸漫电缆导致电缆绝缘故障。

13 防止换流阀（阀控系统）故障

近年来，直流工程换流阀（阀控系统）运行过程中暴露出的主要问题包括：

1）阀冷管路渗漏水问题突出；

2）换流阀局部结构设计不合理；

3）阀控系统逻辑不完善。

为防范上述问题，本章重点对换流阀（含IGBT）元件的材质选型、入厂品控、安装质量及工艺等关键点进行了规范，提出了防范阀塔火势蔓延、阀控自检功能不完善、阀控与控保系统接口不匹配以及阀厅防水、防风、防气密不严等方面的各阶段措施。

13.1 规划设计阶段

13.1.1 阀塔均压环、屏蔽罩、光纤桥架等金属构件的等电位点应采用单点金属连接，其他固定支撑点应采用绝缘材料且安装可靠，避免造成多点接触环流发热或绝缘裕度不足放电。

【学习辅导1】2017年9月2日，某站极Ⅰ低端Y/Y-A相阀塔底部直流母排与屏蔽罩连接处发热，分析原因为：母排与屏蔽罩接触部位所用金属垫块有油漆，使单母排与屏蔽罩导通点接触电阻较大（测量为2486uΩ）；母排端部一绝缘垫块产生位移，导致母排与屏蔽罩直接接触，形成通流旁路。两种原因的共同作用下，造成本次母排与屏蔽罩连接处严重发热。

【**学习辅导2**】2011 年 8 月 27 日，某站极Ⅱ换流阀因异物引起阀塔底部均压环与阀塔侧面光纤桥架绝缘距离不足放电，导致整个阀段 6 个子模块均旁路。

13.1.2 新（改、扩）建工程阀厅照明灯具、消防探头、空调通风管道、红外探头、监控摄像头及辅助设施、管线、槽盒等安装位置应远离阀塔，避免运行时异物掉落在阀塔内。

【**学习辅导**】2016 年 2 月 27 日，某站运行人员巡检发现极Ⅱ低端阀厅靠近 Y/D－A 相阀塔上部 VESDA 系统 4-1 空气采样管三通处脱落，三通管处两根南北向 PVC 管胶带处断开，呈 90° 角悬挂在顶部，断开的管路受重力作用悬挂在半空中，存在脱落导致阀塔短路隐患。

13.1.3 新（改、扩）建工程换流阀设计时应避免单一元件故障导致单阀内多个晶闸管级或单桥臂多个子模块故障，导致冗余耗尽闭锁阀组。

【**学习辅导**】2021 年 5 月 26 日，某站 OWS 后台报"B2、B3 发射板通道 1 激光管 MSC 回检故障"，不满足光发射通道"三取二"条件，极控紧急故障保护出口跳闸。故障原因为 MSC 的回检光纤通道为单一元件，该通道光发射口故障导致阀控系统检测不到通道自检信号，从而闭锁阀组。

13.1.4 新（改、扩）建工程柔直换流阀子模块应具有防止上下管直通的自锁功能，并具有防止子模块高频投切的保护功能，同时阀控系统动态均压策略应考虑避免发生子模块频繁投切导致子模块电容充电电压上升或 IGBT 驱动电源负载过重。

【**学习辅导**】2011 年 12 月 17 日，某站直流侧充电过程中，换流阀监控后台报 A 相上桥臂 59 号子模块驱动电源故障，旁路成功。录波显示此时直流侧电压为 410kV，子模块平均电压为 1800V 左右，每个桥臂投入下管的子模块个数为 104 个，根据计算，上下桥臂充电子模块电容电压和约为（264－104）×2×1800V=576kV，但实测直流电压为 410kV 左右。经分析确认故障原因为子模块频繁投切引起的 boost 升压电路效应导致电容充电高于实际直流电压，且因投切过于频繁引起驱动反复动作导致驱动电源欠压，引起子模块旁路。后续通过修改主动充电策略，延长单个子模块投入时间间隔（由 200ms 延长为 2s）和子模块动态均压周期（由 33.3μs 延长为 1ms），将子模块电容电压控制在合理范围内，未再发生此类故障。

13.1.5 阀控系统功能板卡应具有完善的自检功能，运行、备用系统均能上送告警信号。

【学习辅导】2011 年 8 月 9 日，某站 OWS 报"单元Ⅱ东北侧 020B 换流变非电量保护屏保护异常告警""单元Ⅱ极控系统收到外部跳闸信号"，单元Ⅱ东北侧换流变压器进线开关 5062、5063 跳开，单元Ⅱ华北侧换流变压器进线开关 5131、5132 跳开，直流系统闭锁。经现场检查分析，判断故障原因为，VBE 机箱－A1 中的 D2 处理器板工作不稳定，与极控系统通信时有时无，由于 VBE 自检功能不完善，导致无法检测到该故障。

13.1.6 新（改、扩）建工程阀厅烟雾探测系统管路布置应保证探测范围覆盖阀厅全部区域，且同一处的烟雾应至少能被 2 个探测器同时监测；紫外火焰探测器配置应满足每个阀塔的弧光至少被 2 个紫外火焰探测器同时监测。

13.1.7 新（改、扩）建工程阀厅设计应根据当地历史气候记录，适当提高阀厅屋顶、侧墙的设计标准，基本风压大于 0.4kN/m² 时应在檐口增加抗风措施，防止大风掀翻以及雨水渗入。

【学习辅导】2002 年 8 月 24 日，某站双极闭锁，由于飑线及大雷雨将极Ⅰ、极Ⅱ的阀厅屋顶掀起，掉在极Ⅰ、极Ⅱ换流变压器的 220kV 网侧导线上，造成极Ⅰ、极Ⅱ的换流变压器第一套、第二套差动保护动作，双极 ESOF。

13.2 选型制造阶段

13.2.1 换流阀模块内元件（包括晶闸管、IGBT、电容器、电阻器、电抗器等）必须进行严格的入厂检验，重要元件应进行全检并留存试验记录。阀模块内各种连接线、连接片应能通过高强度振动试验，试验强度应不低于工程技术规范对抗振设计的要求，确保长期运行不发生断裂、变形。

【学习辅导】2020 年 3 月 7 日，某站后台报极Ⅰ低端阀厅 3、12 号紫外火焰探测器报警。经紫外放电反复检测，发现极Ⅰ低端 Y/D B 相换流阀第三层 M2 模块 A1 组件电抗器附近位置存在间歇性放电现象。经现场检查，故障原因为极Ⅰ低端 Y/D B 相换流阀第三层 M2 模块 A1 组件第 7 号晶闸管阻尼电容之间连接片断裂，断裂原因为金属疲劳。后经振动试验发现厚度 1mm 的连接片、厚度 1mm 的打孔连接片在经过长时间振动后均未发生连接片断裂，且相对于 0.5mm 厚度连接片、0.5mm 厚度打孔连接片及 1mm 厚度软连接的振幅降低，电容端子及尾部安装位置均完好。新建换流站各换流阀厂家在设计选型阶段加强对各组部件的型式试验验证，切实提高设备的可靠性。

13.2.2 阀塔中水管布置应合理、固定应牢靠，水管与其他物体接触位置应做好防护，避免运行过程中摩擦导致水管磨损漏水。

【学习辅导】2020 年 6 月 28 日，某站极Ⅱ高 Y/D-B 相阀塔第三层 L3 电抗器金属水管与水管压板接触位置渗水。分析漏水原因为电抗器阻尼电阻金属水管与水管压板均为硬性材料直接接触，接触面长期受到振动摩擦、腐蚀等因素影响导致管壁磨损破裂渗水（如图 13-1 所示）。

图 13-1 金属水管与水管压板接触位置渗水

13.2.3 新（改、扩）建柔直工程换流阀子模块应进行防爆试验，通过上、下管 IGBT 直通短路方式或晶闸管击穿短路方式模拟子模块爆炸的物理过程，爆炸前试品子模块电容电压由额定值抬升至不低于子模块最高一级的过电压保护值，爆炸后相邻子模块应维持正常运行。

13.2.4 新（改、扩）建工程阀厅内不应使用含有可燃液体、气体的设备，所有设备、材料均应具有良好的阻燃性能。阀塔内非金属材料应不低于 UL94V0 材料标准，并按照美国材料和试验协会（ASTM）的 E135-90 标准进行燃烧特性试验或提供第三方试验报告。

【释义】换流阀由大量合成材料和非导电体组成，长期运行于高电压和大电流下，任何元部件的故障或电气连接不良，都可能导致局部过热，绝缘损坏，从而产生电弧并引起失火。因此换流阀的设计和制造中应采用阻燃材料，并消除火灾在换流阀内蔓延的可能性。

【学习辅导】2013 年 10 月 8 日，某站极 I B 相阀塔内光缆槽表面半导体漆涂层性能劣化，在场强集中处产生多处树枝状爬电。由于光纤及扎带未按阻燃设计（均为可燃物），爬电产生的小电弧引燃光缆及扎带，导致光缆断裂、阀触发和回报脉冲丢失，VBE 判断出晶闸管冗余耗尽，导致直流闭锁。

13.3 基建安装阶段

13.3.1 换流阀及阀控系统安装环境应满足洁净度要求，在阀厅和阀控设备间达到要求前，不应开展设备的安装、接线和调试。

【学习辅导】2018 年 12 月 13 日至 2021 年 1 月 18 日，某站发生 11 起子模块通信异常导致子模块旁路事件。2021 年 4 月 13 日至 4 月 29 日，某站发生 8 起子模块通信异常导致子模块旁路事件。以上事件原因均为现场安装阶段阀厅和阀控室环境未达标，造成光纤端面和光纤插孔污染，引起子模块通信异常。

13.3.2 阀塔各类光纤应在施工开始前做好防振、防尘、防水、防折、防压、防拗等措施，避免光纤损伤或污染。安装完毕后应对所有的光通道进行光纤衰耗测试，确认阀塔和阀控间光纤衰耗满足要求。若后续改、扩建工程需打开光纤槽盒，槽盒恢复后需对槽盒内所有光纤进行衰耗测试。

【学习辅导1】2011年12月27日，某站负极换流阀充电过程中，换流阀监控后台报A相下桥臂2号塔105号子模块上行通道校验故障，旁路成功。经检查发现通信光纤存在划痕。

【学习辅导2】2020年5月14日，某站正极换流阀解锁时，OWS监控后台RFO中"换流阀准备就绪"未显示OK。检查结果是正极换流阀A相下桥臂2号阀塔通信异常，导致阀控未准备就绪，现场发现阀控与阀塔之间光纤端面存在附着物，导致通信异常，彻底清理检查后恢复正常。

13.3.3 新（改、扩）建工程每个阀塔均应预敷设数量充足的各类型备用光纤，备用光纤的长度及存放位置应考虑便于光纤的更换。

【释义】在阀塔设备发生严重故障（外力破坏或模块烧损等）情况下，运行光纤损坏，为了快速消除故障，需将已预敷设至光纤槽的备用光纤持出连接至晶闸管级或子模块即可，待后续有长时间停电机会时再补充备用光纤。

13.3.4 阀冷管道、空调风管穿越阀厅墙壁时应采取相应接地措施，保证管道可靠接地。

13.4 调试验收阶段

13.4.1 换流阀上所有光纤铺设完毕后，在连接前应进行光衰测试，并建立档案、做好记录，光纤（含两端接头）衰耗不应超过厂家设计的长期运行许可衰耗值。

13.4.2 晶闸管换流阀验收时应检查晶闸管触发单元、阻尼电容、阻尼电阻等元件连接可靠，防止因连接松动导致设备放电故障。

【学习辅导】2022 年 04 月 23 日，某站极 I 阀厅 C 相 D5 单阀 1L 组件发生放电现象，极 I 直流系统停运后放电消失。经现场检查分析，该组件第 8 级阻尼电容连接导线与第 7 级阻尼电容之间距离较近，产生放电，连接导线绝缘性能加速下降，且绝缘裕度较小，放电加剧而击穿。经分析，判断故障原因为：本次被击穿的阻尼电容连接导线与前一级阻尼电容外壳之间的安装距离较近，小于厂家要求值，在导线与电容外壳之间产生局部放电。且由于间距过近在换流阀运行振动时发生碰撞摩擦，在局部放电和碰撞摩擦的作用下，外皮绝缘强度会持续降低，直至最终击穿。

13.4.3 应加强水管接头的检查和验收，确认每个水管接头按力矩要求紧固，对螺栓位置做好标记，并建立水管接头档案、做好记录。

【学习辅导】2012 年 2 月 4 日，某站极 I 阀厅 B 相阀塔顶部主进水蛇形 PVDF 管道与阀塔进水不锈钢管道连接处及极 I 阀塔 B 相第二层 VB.A4.V5 晶闸管组件拐角处不锈钢管道与 PVDF 管道连接处有渗漏水现象，分析漏水原因为水管接头螺母紧固不到位造成水管接头松动（如图 13-2 所示）。

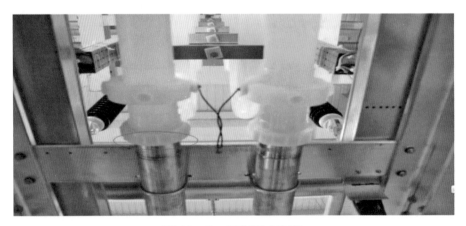

图 13-2 阀塔漏水部位

13.5　运维检修阶段

13.5.1　换流阀正常运行及检修、试验期间，阀厅内相对湿度应控制在60%以下且保证阀体表面不结露，无法满足时应立即采取相应措施。

【学习辅导】2020年8月11日，某站极Ⅱ阀厅C相Y5单阀6L组件发生放电现象，检查发现阻尼电容托架为支撑件，吸水率高，绝缘强度较低，湿度较大时金属抱箍内侧通过托架产生局部放电，现场紧急停运极Ⅱ直流系统进行处理。

13.5.2　晶闸管换流阀运行期间应记录和分析阀控系统的故障信息，当单阀内晶闸管故障数达到跳闸值−1时，应申请停运直流系统并进行全面检查、更换故障元件、查明故障原因后，方可再投入运行，避免发生雪崩击穿或误闭锁。

13.5.3　换流阀带电前，应开展阀塔水管路上各类阀门状态及位置检查，确保位置正确、无渗漏水隐患。若阀塔配置分支水管阀门，在完成阀塔检修工作后，应检查确认阀门处于全开状态，并采取必要措施防止阀门在运行中受振动发生变位。

【释义】晶闸管换流阀阀塔顶部分支水管阀门若处于关闭状态或未完全打开，会影响对应阀塔内部冷却水对设备进行有效的循环散热，且无法及时发现，会导致设备损坏。柔直换流阀阀塔底部冷却水主回路蝶阀为阀塔冷却水的总阀门，碟阀关闭后阀塔冷却水将停止循环，因阀塔无水温监测告警功能，若换流阀运行将导致整座阀塔子模块IGBT损坏。

【学习辅导】2020年5月15日，某站单元Ⅱ鄂侧A相下桥臂2号阀塔顶部排气阀故障喷水，漏水监测装置报警，申请停运后更换故障排气阀并手动关闭单元Ⅱ所有阀塔顶部排气阀的手动球阀。

14 防止阀冷系统故障

近年来，直流工程阀冷系统运行过程中暴露出的主要问题包括：

1）阀冷控制保护系统架构差异化明显；

2）阀冷控制保护系统功能逻辑不完善；

3）关键组部件故障率上升。

为防范上述问题，本章主要对阀冷控制保护系统架构、保护参数设定、热工仪表安装工艺等关键点进行了规范。提出了防范单一元件故障导致保护误出口、保护逻辑不完善、冷却容量不足等方面的各阶段措施。

14.1 规划设计阶段

14.1.1 新（改、扩）建工程阀冷控制系统应冗余配置、保护系统应三重化配置。阀冷控制系统应具备手动切换和故障情况下自动切换功能，防止单一元件故障不经系统切换直接跳闸出口。

【学习辅导】2009 年 10 月 24 日，某站极Ⅱ CCPA 系统盘柜 H10 层 16 位置的 PS868 板卡瞬间故障，CCPA 系统未经系统切换直接发出跳闸指令，导致直流闭锁。

14.1.2 阀冷控制保护系统送至两套极或换流器控制系统的跳闸信号应交叉上送，防止单套传输回路元件或接线故障导致保护拒动。

【学习辅导】某站阀冷接口屏送至换流器控制保护屏的跳闸信号采用单对单的连接方式，单根接线松动或单个继电器接点故障可能导致水冷保护拒动，存在换流阀损坏风险。

14.1.3 阀冷控制保护系统应具备完善的自检功能，当发生板卡故障、通道故障、电源丢失等异常时，应发出报警信号并具有完善的防误出口措施。

【学习辅导】2014 年 11 月 20 日，某站阀内冷水控制保护系统双 CPU 故障导致单元闭锁，阀内冷水控制保护系统 PLCA 故障后监控系统无报警事件，PLCB 出现总线故障导致双套阀内冷水控制保护系统不可用后出口闭锁直流。

14.1.4 阀冷控制保护装置及传感器应由两套电源同时供电，任一电源失电不影响阀冷控制保护及传感器的稳定运行。

14.1.5 主水流量保护应综合判断主水流量及进阀压力，保护跳闸延时应大于主泵切换不成功回切至原主泵运行的时间。若配置了阀塔分支流量保护，分支流量保护应投报警。

【学习辅导 1】某站原配置阀塔分支流量保护，且动作后闭锁直流。2007 年 6 月 23 日，极 I 内冷水系统阀塔 3B 分支流量传感器故障，直流控制保护 A、B 系统同时误发阀 3B 循环水流量低保护动作跳闸，极 I 直流闭锁。目前在运工程均已不再设置阀塔分支流量保护。

【学习辅导 2】2011 年 8 月 30 日，某站极 I 高端阀内冷水系统主泵切换不成功，流量速断保护动作，极 I 高端换流器闭锁。

14.1.6 微分泄漏保护和液位保护应采用电容式液位传感器，微分泄漏保护应投报警和跳闸，24 小时泄漏保护仅投报警。泄漏保护的定值和延时设置应有足够裕度，躲过最大水温变化、主泵切换、内外循环切换、外冷系统冷却器启停等引起的水位波动，防止保护误动。

【释义】膨胀罐水位受温度影响较大，内外循环切换、功率变化等均会造成水位变化，泄漏保护应躲过此类情况。

【学习辅导】2009 年 8 月 15 日，某站单元Ⅰ因泄漏保护定值设置偏小，未能躲过昼夜温度变化造成的水位降低，泄漏保护动作，单元Ⅰ强迫停运。

14.1.7 作用于跳闸的传感器应按照三套独立冗余配置，保护按照"三取二"原则出口，当一套传感器故障时，采用"二取一"逻辑出口；当两套传感器故障时，采用"一取一"逻辑出口。

14.1.8 冗余配置的传感器应设置超差报警和传感器状态检测功能，当传感器故障或测量值超出设定的范围时不应参与相关控制保护逻辑判断，避免控制系统误调节或保护误动。

【学习辅导】2007 年 6 月 23 日，某站极Ⅰ内冷水系统阀塔流量传感器故障导致直流闭锁。运行过程中分支流量传感器故障，而传感器异常或测量超范围时未进行判别，导致保护出口。

14.1.9 主循环泵应冗余配置，具有手动切换、定期切换、故障切换、远程切换功能，在切换不成功时应能自动回切，切换时间的选择应恰当，切换延时引起的流量变化应满足换流阀对内冷水系统最小流量的要求，防止切换过程中出现低流量保护动作。两台主泵均故障时不应直接闭锁直流，应由主水流量压力保护闭锁直流。

【学习辅导】2011 年 8 月 30 日，某站极Ⅰ高端阀水冷系统主泵切换时流量低保护导致换流器闭锁。分析原因为，在主泵切换后再次回切回原主泵时，流量保护的延时与回切时间的配合不当导致动作。在运行期间应每年模拟各种工况进行主泵切换试验全面验证。

14.1.10　主循环泵交流电源开关应专用，禁止连接其他负荷。同一极（换流器）冗余配置的两台主循环泵电源应取自不同母线，且电源回路接触器容量应与主循环泵启动电流匹配，防止接触器过热或烧损。

14.1.11　主循环泵与管道连接部分应采用软连接，防止长期振动导致主泵轴承、轴封损坏漏水，主泵应配置轴封漏水检测装置，及时检测主泵轻微漏水，并上送报警信息至监控后台。新（改、扩）建工程主泵电机还应配置前、后端轴承温度传感器，及时检测轴承温度并上送监控后台。

> **【学习辅导 1】** 某站原主泵与管道间采用硬连接，2007 年 9 月 5 日，因长期震动导致极Ⅱ内冷水系统 1 号主泵轴承损坏、陶瓷密封圈破裂漏水，阀漏水保护动作闭锁（如图 14-1 所示）。

图 14-1　1 号主泵轴承损坏情况

> **【学习辅导 2】** 2014 年 8 月 4 日，某站极Ⅰ高端阀冷系统发"阀冷系统泄漏"告警，极Ⅰ高端换流器闭锁。根据事件记录和现场检查情况综合分析，判断极Ⅰ高端阀冷系统 2 号主泵轴封漏水导致阀冷系统泄漏保护动作跳闸。主泵漏水检测装置未能及时对漏水情况进行报警，导致运维人员不能尽早处理，造成事故扩大。

14.1.12　阀外冷系统应根据换流站地理环境条件采用水冷却方式、风冷却方式或其他更先进的冷却方式，水资源缺乏地区宜采用风冷却方式。阀外冷系统冷却容量应满足任一台冷却塔、任一台空冷器故障退出情况下仍能保证直流系统满负荷运行要求。

14.1.13 设计阀外风冷系统时，应充分考虑环境温度、安装位置等因素的影响，具备足够的冷却裕度，避免热岛效应影响，设计最高温度应在气象统计最高温度的基础上增加 3～5℃。

> 【学习辅导】某站单元Ⅱ外风冷设备周边为主控楼、围墙、换流变压器防噪墙，空气流通困难，影响散热效果，导致夏季阀冷系统进阀温度高，需启动辅助喷淋（如图 14-2 所示）。

图 14-2 阀外风冷系统安装环境

14.1.14 阀外水冷系统喷淋泵及风机、阀外风冷系统风机的双路电源应取自不同母线，且相互独立，不应全部来自同一路母线。

> 【释义】部分早期换流站喷淋泵、冷却塔全部公用同一母线。电源切换装置、相关控制回路故障时会导致所有相应的喷淋泵、冷却塔停运。

14.1.15 阀外水冷系统喷淋泵应依次启动，避免同时启动时启动电流过大。互为备用的两台喷淋泵应具有定期切换、故障切换和手动切换功能。

14.1.16 阀外水冷系统喷淋泵、冷却风机应有手动强投功能，在控制系统或变频器故障时能手动投入运行。新（改、扩）建工程阀冷系统冷却塔风机应具备抗交流电源扰动能力，扰动结束后风机应能够自动恢复运行。

【释义】某技术路线外水冷系统冷却塔风扇为变频器控制，未设置工频强投回路，变频器故障将导致一组冷却塔的全部风扇停止运行。某站外水冷喷淋泵无手动强投功能，当喷淋泵控制回路出现故障时会导致相对应的喷淋泵无法运行。

14.2 选型制造阶段

14.2.1 阀冷系统各类仪表、传感器、变送器等测量元件的装设位置和工艺应便于维护，除主水流量传感器外，其他测量元件应能满足故障后不停运直流进行检修或更换的要求；阀进出水温度传感器应装设在阀厅外。

14.2.2 冷却水管路系统高点应设置排气装置，冷却水管路系统低点应设置排水装置，可由阀门隔离的管路上应设置排气装置及排水装置以利于设备检修及更换。

14.2.3 阀冷系统各类阀门应装设位置指示和阀门闭锁装置，防止人为误动阀门或阀门在运行中受振动发生变位，引起保护误动。

14.2.4 阀外水冷系统冷却塔框架、壁板、底座、集水盘、风筒等应采用 AISI304L 及以上等级不锈钢材质并具有足够的强度，避免冷却塔锈蚀严重，缩短使用寿命。

【学习辅导】某站原外冷水系统冷却塔框架、壁板等部件采用热浸锌钢制造，抗腐蚀能力低，在胶东地区含盐量高的潮湿空气侵蚀下，运行不足两年就已出现大面积严重锈蚀情况。2013 年实施技改，全部更换为 AISI304L 不锈钢材质冷却塔后，运行情况良好，冷却塔未再出现锈蚀情况（如图 14-3 所示）。

图 14-3 外冷水系统冷却塔锈蚀情况

14.2.5 阀冷管道应采用优质耐腐蚀管材，并采用管沟或架空敷设；阀内冷主管道接头应采用法兰连接方式和密封垫密封方式，其他管路应采用可靠的连接和密封方式，并应明确螺栓紧固力矩。

14.3 基建安装阶段

14.3.1 阀内冷水系统管道应尽可能减少冷却系统管道接头的数量，管道应在工厂预制、现场组装，管道之间采用法兰连接，不允许现场焊接。水冷却设备运到现场前必须经过严格的清洗，以去除管道中的氧化层、油脂、颗粒异物、悬浮物，不允许任何死角存在污物。现场安装前，应充分清洗直至阀内冷水的水质满足要求。

【学习辅导】2018 年 10～12 月，某站投运后极Ⅱ高端阀组内冷系统主过滤器频繁出现"压差表压力高报警"，现场打开发现主过滤器附着大量杂质，分析管路现场焊接导致杂质进入内冷管路堵塞过滤器。

14.3.2 阀内冷水系统冷却水应采用电导率小于 0.2μS/cm 的去离子水，厂家应提供阀内冷水水质检测报告及补水水质要求。

14.3.3 阀外冷系统冷却器换热盘管安装排列应设置一定坡度，坡向应与水流方向一致，以便于设备停运时，将管束内的水顺利放空。

【学习辅导】2014 年 12 月，某站极Ⅱ低端阀组因改造长期停运，巡检时发现外冷散热器管束下方地面有冰块，原因为阀外冷系统管道积水未完全排空，少量冷却水遗留在散热器管束中，导致散热器管束冻裂。

14.3.4 低温地区户外供水、排水及阀冷系统设备（阀门、仪表、密封圈、传感器等）应通过加装保温棉、增加埋管深度、选取耐低温管材、搭建防冻棚等措施，避免低温天气下管道结冰或冻裂。

【学习辅导】2011年2月，某换流站对站内水消防系统进行检查时，发现站内部分消防栓和管道出现不同程度损坏，站内近一半水消防系统失效。导致冻裂的主要原因包括管道掩埋深度不足、管道未做保温措施（如图14-4所示）。

图 14-4　管路及阀门冻裂情况

14.4　调试验收阶段

14.4.1　检查阀外水冷系统缓冲水池液位正常无渗漏，检查喷淋泵、冷却风扇、加压泵等外水冷电气设备控制功能正常，检查各类传感器指示正确。

14.4.2　通过主泵启动试验，核查主泵保护定值设置正确，主泵电源配置合理，主泵启动方式恰当；记录启动电流、启动时间，检查配电元器件及导线无过热，检查设备参数配置正确。

14.4.3　通过换流阀大负荷试验，检查阀内外冷设备运行正常，并通过阀外冷系统喷淋泵或空冷器切换试验，检查阀内冷水温度变化符合设计要求。

14.5　运维检修阶段

14.5.1　应定期进行主泵与电机同心度校准,避免同心度超标引起异常振动造成主泵轴承、轴封损坏漏水。

【学习辅导】2015 年 12 月 23 日，某站极Ⅰ2 号主循环泵电机在运行过程中出现持续性啸叫。由于主循环泵系统同心度超标，使联轴器两端受力过大，最终导致泵体端轴承部分滚珠损毁、电机前端轴承磨损严重，由于作用力及振动的传递效应，使电机后端轴承也出现一定程度的磨损。

14.5.2   应加强膨胀罐（高位水箱）水位变化的监视，当发现水位明显下降或出现补水泵频繁补水时，应立即对换流阀及阀冷系统所有管路进行检查。

14.5.3   应采取定期加药、合理弃水等措施防止冷却塔换热盘管、喷淋泵叶轮、喷淋管内壁结垢。停电检修时对冷却塔内部蛇形换热管进行清洗和预膜，避免冷却管结垢及腐蚀严重影响散热功能。

【学习辅导】某站外水冷冷却塔运行 8 年后，冷却塔填料内部结垢严重，存在破损、老化等现象，导致填料散热面积较小，效率下降，严重的将影响换流阀散热能力。

14.5.4   低温天气下，应增加户外供水、排水、消防管道及阀冷系统设备检查频次，避免管道出现结冰或冻裂。冬季不使用的管道（如工业水管、设备降温及冲洗管道）宜采用放空处理，防止其冻裂。

14.5.5   密封圈及垫片等易损元件存在随运行时间增长逐步老化失效导致接头漏水等风险，应及时进行检查更换。每次拆卸管路、阀门、表计等设备后，应对相应密封圈进行更换。对运行 10 年以上的阀冷系统设备，应定期抽查各位置水管密封圈老化情况并进行评估，对存在隐患的位置进行全部更换。

【学习辅导】2018 年 12 月 28 日，某站事件记录报"极Ⅱ高 Y/D–A 相阀塔漏水检测Ⅰ段报警 出现"，检查发现极Ⅱ高 Y/D–A、Y/D–C、Y/Y–C 相阀塔底部变色纸均变色，查看后台历史数据有明显下降趋势，进一步检查发现阀塔顶部主水管密封圈老化磨损，密封失效导致漏水。

15 防止站用电源故障

近年来，换流站站用电系统运行过程中暴露出的主要问题包括：

1）部分换流站的站用电源系统设计不合理；

2）备自投逻辑功能不完善；

3）交、直流系统级差配合不合理。

为防范上述问题，本章主要对换流站站用电系统冗余配置、元件选型、备自投设计、监控系统配置等关键点进行了规范，提出了相关要求。

15.1 规划设计阶段

15.1.1 换流站的站用电源在各种运行方式下均应满足 $N-1$ 的可靠性要求，应至少配置三路独立、可靠电源，其中一路电源应取自站内变压器或直降变压器，一路取自站外电源，第三路根据实际情况确定。若有两路取自站外，则两路站外电源应取自不同电源点，且为专线供电，不得采用 T 接、迂回供电和同杆架设方式。

【学习辅导】某站原有四回 10kV 站用电进线，但是无一回取自站内，且该四回 10kV 进线对应的两座 110kV 变电站全部取自同一座 220kV 变电站。2005 年 4 月 9 日，该 220kV 变电站全站失电，最终导致四回 10kV 站用电全停。某站双极直流系统因内水冷主水流量保护动作跳闸，双极强迫停运。

15.1.2 换流站站用电的保护系统应相互独立，不应共用元件，防止共用元件故障导致站用电全停。

【学习辅导】某站原三回站用电控制保护系统全部集成在 ACP71、ACP72 中（两台主机为相互冗余的控制保护系统），三回站用电保护不独立。2005 年 11 月 20 日，某站两台站用电控制保护系统主机依次故障导致站用电全停，引起双极强迫停运。

15.1.3　10kV（6kV）母联断路器应配置独立的保护装置，以防扩大故障范围，10kV（6kV）进线断路器和负荷断路器保护可在相应变压器保护装置中实现。

15.1.4　站用电系统 10kV 母线和 400V 母线均应配置备用电源自动投切功能。

15.1.5　站用电备自投应按照如下要求设计：

1）10kV 及 400V 备自投、阀外冷系统电源切换装置的动作时间应逐级配合，保证不因站用电源切换导致单、双极闭锁。低电压等级的备自投动作时间应大于高电压等级的备自投动作时间；下一级切换装置的动作时间应大于上一级切换装置动作时间。

2）备自投应延时动作，并只动作一次；

3）进线开关过流保护、母联开关过流保护、站用变压器低压侧（复压）过流保护等反应 10kV 或 400V 母线故障的保护动作时，应可靠闭锁相应的备自投，防止合闸于故障母线，造成故障扩大；

4）备自投动作或投退后应有报警信号和事件记录；

5）为避免非同期电源合环运行，联络开关与进线开关之间必须设计相应的联锁；

6）备自投装置应确保本站主供电源开关跳开后再合备用电源，同时应具备防止合于故障的保护措施，或具备合于故障的加速跳闸功能；

7）备自投装置起动后跟跳主供电源开关时，禁止通过手跳回路起动跳闸，以防止因同时起动"手跳闭锁备自投"逻辑而误闭锁备自投；

8）站用交流低压母线备自投方式应采用单向自投方式（即站外电源对站内电源备用，而站内电源不对外来电源进行备用）。

【学习辅导1】2009 年 8 月 16 日，某站外冷水电源切换装置 MCC 切换时间短于站用电备自投切换时间，切换装置频繁动作后故障，导致外冷系统电源故障，风扇全部停运后水温上升后故障闭锁。

【学习辅导 2】某站单元 I 原 400V 站用电进线开关和联络开关间无任何电气和机械联锁，2009 年 9 月 30 日，400V 母联开关投合引起站用电非同期合环，进线开关和联络开关保护动作全部跳开、站用电全停，直流强迫停运。

15.1.6 新（改、扩）建工程一主一备电源的备自投逻辑应按如下要求设计：

1）当主电源进线失压且备用电源电压正常时，备自投自动延时分开主电源进线开关，合上联络开关，投入备用电源；

2）当主电源恢复供电后，备自投自动分开联络开关，合上主电源进线开关；

3）当备用电源进线失压时，备自投不动作。

15.1.7 两路电源分列运行的备自投逻辑按如下要求设计：

1）当一路电源进线失压且另一路电源电压正常时，备自投自动分开故障电源进线开关合上联络开关，两段母线并列运行；

2）当故障电源恢复供电后，备自投自动延时分开联络开关再自动合上该路电源进线开关；

3）进线开关和联络开关保护定值应配合合理，在两段母线联络运行时一段母线故障后应先跳开联络开关，保证另一段母线可正常运行，防止两段母线均失电。

【学习辅导】某站 400V 母线进线开关、联络开关保护定值相同，均为速断定值 20000A，短延时保护闭锁。当 400V 母线故障时，联络开关和进线开关同时跳开，两段 400V 母线均失电，导致单极闭锁。

15.1.8 低压直流电源系统应至少采用两组蓄电池组、三台充电装置，备用充电装置可在两段母线之间切换，任一工作充电装置退出运行时，手动投入备用充电装置。

15.1.9 站用直流系统直流母线对地电压应接入故障录波装置，实现监视功能。

15.1.10 直流电源设计系统图应提供计算书，标明开关、熔断器电流级差配合参数。各级开关的保护动作电流和延时应满足上、下级保护定值配合要求，防止直流电源系统越级跳闸。

15.1.11 充电装置的交流输入、直流输出、直流回路隔离电器、各馈出回路直流断路器应装有辅助触点和报警触点，蓄电池组总出口熔断器应装有报警触点。

15.1.12 直流电源系统充电装置异常、直流母线过/欠压、各路馈线开关及直流电源开关动作跳闸、绝缘监测装置报警、蓄电池巡检仪的告警信号等重要信息应通过硬接点接入站内监控系统。

15.1.13 站用电系统重要负荷（如水冷系统、直流系统充电机、交流不间断电源、消防水泵等）应采用双回路供电，接于不同的站用电母线段上，并能实现自动切换，确保任一段交流低压母线长时间失电时不会影响变电站设备的正常运行。

15.1.14 换流站每组蓄电池的容量应满足全站交流电源停电后同时带两段直流母线负载运行 2h 的要求，阀控铅酸蓄电池组应安装在独立的蓄电池室内，不能满足的应设置防爆隔火墙。

15.1.15 新（改、扩）建工程换流站应按阀组（无阀组则按极）、站公用设备、交流场设备等分别设置完全独立的直流电源系统，防范直流电源故障造成直流双阀组、双极同时闭锁。

【学习辅导】2020 年 8 月 17 日，某站因最后断路器保护跳闸出口继电器共用一段低压直流系统，在开展极Ⅰ低端换流变压器更换时，由于换流变压器二次回路设计错误，交流串入低压直流系统，导致三阀组闭锁。

15.1.16 若换流站站用电保护或 400V 备自投具备跳进线 400V 断路器功能，站用电低压侧 400V 开关应取消低压脱扣功能。

15.2 选型制造阶段

运维单位、设计单位应审核交、直流配电开关选型和编号，审查屏内配线接线标识是否符合要求。

15.3 基建安装阶段

15.3.1 站用变压器高压侧相序接线方式变更时，低压侧相序应进行相应的调整，避免出现相序错误。

【释义】变压器一次相序需对变压器接线方式变更时，低压侧相序若未对应改变，变压器相序设置不一致影响差动保护的电流的计算，并引起电机反转。

15.3.2 站用电系统及阀冷却系统应在系统调试前完成各级站用电源切换、定值检定、内冷水主泵切换试验。

15.4 调试验收阶段

15.4.1 检查各级站用电系统备自投功能配置和定值延时配合情况。

15.4.2 应进行各级备自投切换试验，验证备自投配合和动作时序是否正确、切换过程对各装置运行的影响、切换过程中电压是否稳定、是否影响各类负荷运行以及是否会导致直流闭锁。

15.4.3 对于两路直流电源经隔离模块输出单一电源的情况，应分别对两套电源进行断电试验，确保电源回路接线无松动、隔离输出模块工作无异常、切换过程中无电压突变等。

15.4.4 新变压器、断路器等一次设备（扩建、技改、返修、备品）相应二次回路并网接入运行设备前，需按以下要求做好交、直流窜电风险管控。

  1）开展交、直流窜电检查，未完成前不得接入站用直流系统。开展检查时先断开所有直流空气开关，投入所有交流空气开关，逐级测量直流回路是否存在交流电压；再断开所有交流空气开关，投入直流空气开关，逐级测量交流回路是否存在直流电压；涉及两路直流电源供电时，两路直流电源应分别投入；

  2）应将直流试验电源或独立直流电源发生器作为待投运设备调试电源，在设备接入运行回路前开展各项调试验证工作，排除寄生回路及交、直流窜接隐患。

【学习辅导】2018 年 6 月 18 日，某站在开展 3026 刀闸辅助开关更换作业中，因对拆除的电缆芯绝缘包扎不良，导致交流串入直流系统引起 500kV 3 号主变压器保护屏 3 中压侧开关操作箱第二组跳圈励磁，跳开 3 号自耦变压器 220kV 侧开关 2203 三相。

15.5 运维检修阶段

15.5.1 年度停电检修时,对备自投定值进行核查,开展各级备自投和电源切换装置的切换试验。

15.5.2 非冗余配置的备自投控制系统进行软件升级或程序装载时应将备自投退出。

15.5.3 严防直流接地发生,当发生接地时要立即查明接地点并进行处理或隔离,防止事故扩大。在通过拉路法查找直流接地时,要检查确认直流开关负荷,防止误拉直流负荷开关导致直流闭锁或设备跳闸。

【学习辅导】2017 年 3 月 27 日,某站在开展低压直流系统绝缘异常检查处理时,拉开 A 路直流电源空气开关后,B 路直流电路故障断开,造成双极双套保护退出、双极闭锁。

15.5.4 直流系统在两段母线切换时不应中断供电,直流母线蓄电池组退出前应先合上母线联络开关,避免直流母线无蓄电池连接运行;接入另一组蓄电池组后再尽快退出本组蓄电池,防止两组蓄电池长期并联运行。

16 防止户外箱柜故障

近年来，直流工程户外端子箱运行过程中暴露出的主要问题包括：

1）户外端子箱受潮或进入沙尘影响设备运行；

2）户外重要继电器、传感器进水导致直流停运。

为防范上述问题，本章主要对户外端子箱设计、选型制造、基建安装、调试验收、运行维护等关键点进行了规范，提出了相关要求。

16.1 规划设计阶段

16.1.1 新（改、扩）建工程换流站户外端子箱（接线盒、就地柜）应至少达到 IP55 防尘防水等级，端子箱内应设置加热驱潮装置。纯光 CT、电子式 CT 户外调制箱（远端模块、采集单元、光纤接线盒）应满足 IP67 防护等级，并采取相应的驱潮措施，避免调制箱受潮后输出异常电流。

【释义】IP55 防尘防水等级指能防止有害粉尘堆积，液体由任何方向泼到外壳没有伤害影响。

【学习辅导 1】2003 年 7 月 18 日，某站极 I NBS 操动机构外罩变形进水造成直流接地故障，导致单极强迫停运。

【学习辅导 2】2020 年 12 月 3 日～2021 年 2 月 3 日，某站发生 3 起光 CT 调制箱进水故障，单套直流保护退出，造成单换流器临停消缺。

16.1.2 对于换流变压器、平波电抗器、主变压器、套管等设备的气体继电器、油流继电器、分接开关压力继电器、SF_6 压力传感器等户外非电量保护装置，CT、PT 二次接线盒，应配套安装耐腐蚀材质防雨罩，装置本体及二次电缆进出线 50mm 范围应被遮蔽，防雨罩应能防止上方和侧面的喷水且便于拆装。防雨罩边缘需加装防护措施（橡胶防护套等）并采用非金属扎带固定良好，防止因长期振动割伤附近管路电缆。

【学习辅导 1】2003 年 7 月 1 日，某站换流变压器分接开关压力继电器跳闸导致极闭锁。继电器因未加装防雨罩，跳闸接点绝缘下降，导致分接开关压力继电器保护误动。

【学习辅导 2】2003 年 7 月 10 日，某站换流变压器、平波电抗器因气体继电器未加装防雨罩，接线端子盒内进水引起瓦斯保护动作先后闭锁双极。

16.1.3 新（改、扩）建工程换流站采用航空插头接线形式的户外机构箱，交、直流回路宜使用相互独立的航空插头；交、直流回路在同一航空插头底座上应选用不相邻的针孔，防止端子箱受潮引起交流窜入直流电源系统。

【学习辅导】2020 年 12 月 21 日，某站 2105 回路隔离开关机构箱内有受潮，机构箱内加热器交流电源与信号电缆共缆，交流电源窜入直流电源系统，导致极Ⅱ闭锁（如图 16-1 所示）。

图 16-1　2105 隔离开关机构箱受潮情况

16.1.4　新（改、扩）建工程换流站一次设备户外就地控制柜需设计遮雨沿，伸出部分需超出箱体柜门，并具有倾角，防止雨水进入柜内；柜体内部加热器需采用分布式布置，并配置可调节的温湿度控制器，温湿度控制范围按照当地环境及设计标准，一般温度可调范围为 0～100℃，湿度调节范围不小于 30%～95%，必要时需加装空调。

16.1.5　对受台风天气影响区域，新（改、扩）建工程换流站所配户外端子箱、汇控柜、电源箱应配置三点锁定式门锁，扣入深度不小于 2cm，并外加防风扣。

16.2　选型制造阶段

16.2.1　户外端子箱（接线盒）的选材应合理，避免长期运行后变形进水。对受沙尘天气影响地区，户外端子箱应采用防沙尘双层门密封设计，防止沙尘进入造成设备卡涩拒动。

【学习辅导 1】　2017 年 5 月 21 日，某站极 I 低端 Y/D-C 相换流变压器分接头不一致，检查分接开关机构箱内有一定的积沙现象，对降档继电器除沙后恢复正常（如图 16-2、图 16-3 所示）。

图 16-2　机构箱进沙　　　　　　　图 16-3　继电器进沙

16.2.2　换流变压器、平波电抗器、主变压器、套管等设备的气体继电器、油流继电器、分接开关压力继电器、SF_6 压力传感器等重要继电器、传感器元件应与安装的防雨罩形状及尺寸配合。

16.2.3　对受严寒天气影响地区，新建换流站动力箱、机构箱和端子箱应采用双重保温结构，柜内附带加热功能及温控装置，当温度低于设定温度值时自动启动，温控器应选择技术成熟、应用良好、运行可靠产品，温控器外壳选用阻燃材质，加热器功率应能满足极低温度下的运行要求，保证柜内温度不低于零度。加热回路线径应满足该回路所有负荷投入时的载流量要求。

16.3　基建安装阶段

16.3.1　检查户外端子箱（接线盒）厂家相关文档，确认其防尘防水等级至少满足 IP55 要求，纯光 CT、电子式 CT 户外调制箱（远端模块、采集单元、光纤接线盒）应至少满足 IP67 要求。

【学习辅导】2008 年 1 月 1 日，某站极I线路直流分压器接线盒密封不良，二次接线绝缘降低，致使送至控制保护系统的直流电压值在昼夜温差比较大时发生异常变化而引起跳闸，导致极闭锁。

16.3.2　检查户外端子箱、汇控柜的安装方式，需确认端子箱、汇控柜底座和箱体之间有足够的敞开通风空间，以免潮气进入。

16.3.3　户外端子箱和接线盒的进线电缆额外加装护套时，应具有防止护套进水的措施，在进入箱体前设置滴水弯、并在护套最低点处打滴水孔，避免护套破损后雨水倒灌至端子箱和接线盒内，导致接点受潮绝缘降低。

> 【学习辅导】2016年6月2日，某站极IY/D-B相换流变压器气体继电器电缆进线从接口盒上方接入（如图16-4所示），雨水从电缆护套倒灌至瓦斯接线盒，引起重瓦斯保护动作闭锁。

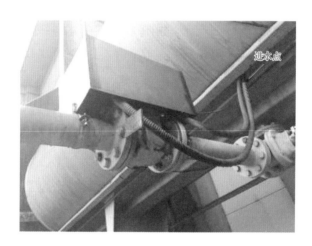

图 16-4　气体继电器电缆进线接线图

16.3.4　端子箱、汇控柜内的温控器、加热器、除湿器等元器件应取得"3C"认证或通过与"3C"认证同等（如CE认证）的性能试验，外壳绝缘材料阻燃等级应满足V-0等级。加热器安装位置应合理，与各元件、电缆及电线的距离大于50mm，避免靠近接线端子或电缆造成设备烧损。

16.3.5　对受台风天气影响地区，户外端子箱、汇控柜可采用顶部加装遮雨罩、底部加装升高座、加强端子箱电缆进线封堵等措施，防止雨水、潮气入侵。

16.3.6　新（改、扩）建工程户外设备端子箱、机构箱内电缆进线，应预留单根电缆进线孔，或在安装时单根电缆分开做好封堵，防止电缆集束捆扎、电缆间封堵效果不佳导致小动物或潮气进入箱体。

16.4 调试验收阶段

16.4.1 应对户外端子箱和接线盒的盖板、密封垫、防火封堵进行检查，防止变形或密封不严进水受潮。

【学习辅导】2011 年 8 月 10 日，某站极 I 低端换流变压器进线 CVT 端子箱门密封条脱落，大雨期间雨水流入箱内，导致送至测量接口屏 CMI12A/B 的两个小空气开关均短路跳开，阀控双系统报紧急故障闭锁换流器。

16.4.2 通过进行泼水试验，核实端子箱和接线盒的防水等级。

16.4.3 对于换流变压器、平波电抗器、主变压器、套管等设备的气体继电器、油流继电器、分接开关压力继电器、SF_6 压力传感器等重要继电器、传感器的备用二次电缆穿孔处，应检查其防雨防潮措施；不满足防雨防潮要求时，应进行处理。

【学习辅导】2021 年 10 月，某站换流变网侧套管加装瓦斯继电器完成施工后，右侧备用电缆孔格兰头内仅有一塑料薄片，潮气长期聚集在端子盒内导致跳闸节点受潮，后采用专用 M25 密封堵头封堵（如图 16-5、图 16-6 所示）。

图 16-5　气体继电器内部图

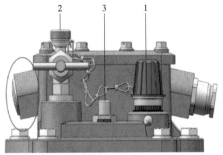

图 16-6　气体继电器结构图

16.5 运维检修阶段

16.5.1 应定期检查室外控制柜、开关柜、设备柜内温/湿度控制装置（加热器、空调等）工作情况，无温/湿度控制装置的室外屏柜应进行加装。

【学习辅导】2020 年 9 月 11 日，某站交流滤波器母线差动保护动作跳闸，检查发现断路器汇控柜内温度控制器故障，交流电源回路零线持续发热，同时零线芯线电缆头本身绝缘质量差，低压交流电源串入临近的 CT 回路，导致保护动作出口。

16.5.2 户外设备端子箱、机构箱门密封情况检查纳入换流站定期巡视项目，检查箱门密封良好，密封条变形、脱落应及时处理，防止雨水进入箱体导致设备故障。

16.5.3 定期检查室外端子箱、接线盒锈蚀情况，确认防腐防锈蚀措施有效，锈蚀严重的端子箱、接线盒应及时更换。

16.5.4 大风沙尘天气不宜打开机构箱箱门、汇控柜柜门，防止沙尘进入造成设备卡涩拒动。尽量避免雨天室外作业，防止雨水进入柜体导致端子排受潮。

【学习辅导】2015 年 5 月 8 日，某站在雨天检修工作期间，因隔离开关机构箱门关闭不严，端子排进水受潮，导致 500kV 断路器三相跳闸。

16.5.5 在台风来临前，应对可能受影响的在运换流站户外端子箱、汇控柜、电源箱等箱柜进行专项检查，扣入深度不满足 2cm 的，要及时采取加固等整改措施。

【学习辅导】2021 年 7 月，某站检查发现 00221 刀闸机构箱密封垫圈和传动机构、机构箱连接处的密封胶老化，防水功能下降。雨天机构箱顶部积水，雨水通过密封圈和机构箱连接处渗入机构箱内部，可能会导致机构箱内二次回路短路或站用直流接地。

16.5.6 运行巡视中（特别是在雨季及气温变化较大的天气时）要加强对换流变压器

油面温度计、绕组温度计、SF₆压力传感器等内部是否存在凝露情况的检查。

【学习辅导】2017 年 2 月 26 日,某站因极 Ⅱ 转换母线分压器 SF₆压力表计端子箱受潮(见图 16-7),SF₆压力低跳闸回路绝缘不足导致极 Ⅱ 单极闭锁。

分压板端子箱

SF₆表计端子箱

端子箱
补气口
SF₆表计
底部呼吸孔

图 16-7　转换母线端子箱位置及 SF₆表计端子箱

16.5.7　停电检修时,对户外非电量保护继电器、接线盒按照每年不少于1/3 的比例进行轮流开盖检查。

16.5.8　停电检修时,应对非电量保护回路等跳闸回路进行绝缘测量,确保回路绝缘良好。

【学习辅导】2020 年检修期间,某站发现极 Ⅱ 低端换流变压器 Y/Y-C 相汇控柜交流接触器出线烧损,经检查发现螺栓出现松动导致接触不良发热。

17 防止站内接地网故障

近年来，直流工程站内接地网运行过程中暴露出的主要问题包括：

1）换流站关键设备核心区域直击雷防护失效；

2）交、直流场一、二次设备接地点选择、接地材料选型不当；

3）运行年限较长，换流站地网腐蚀严重。

为防范上述问题，本章重点对交直流场一、二次设备接地点选择、接地材料选型和安装工艺等关键环节进行了规范，提出了防范接地引下线松动、接地装置腐蚀、耐受短路电流能力不满足设计标准等方面的相关措施。

17.1 规划设计阶段

17.1.1 直流场区域、换流变压器区域、交流滤波器区域和启动区域（柔直换流站）的直击雷防护应采用滚球法进行校核。

17.1.2 变压器中性点、直流分压器与避雷器等设备的接地端子应直接与主接地网相连，避免通过设备支架接地。

17.1.3 换流变压器区域除换流变外，其他设备接地线可连接明敷接地母排，接地母排与主接地网连接点不少于 3 点，便于监测接地点的接地电流。

17.1.4 电抗器和交流滤波器设备及金属围栏接地体接地可靠且不得形成闭合环路，避免环流发热。

17.1.5 交、直流线路架空避雷线应与换流站接地装置相连，并设置便于地网电阻测试的断开点。

 【释义】由于架空地线及电缆外护套对测试电流会造成分流，导致实际接地阻抗测试仪所显示接地阻抗测试值比实际值偏低，而为了获得纯净接地网接地阻抗值，建议架空避雷线与换流站接地装置相连时设置便于地网电阻测试的断开点。

17.1.6 室外电缆沟内专用铜排（缆）引入控制、保护室时，应与控制、保护室内的等电位接地网一起在电缆入口处与主接地网一点连接，当有多个电缆沟入口时，各入口电缆沟内的专用铜排（缆）应经室内电缆沟汇集至其中一个适当的电缆入口后与主接地网一点连接。

17.1.7 主控楼、辅控楼二次设备间的活动地板、继电器室电缆桥架或电缆沟支架应使用截面积不小于 $100mm^2$ 的铜排（缆）敷设室内二次等电位接地网，二次等电位接地网按屏柜布置的方向首末端连接成环后用 4 根并联的截面积 $50mm^2$ 的铜排（缆）在就近电缆竖井或电缆沟入口与主接地网一点可靠连接。

17.1.8 控制和保护装置屏柜内的等电位接地铜排的截面积不小于 $100mm^2$。屏柜内控制保护装置的接地端子用截面积不小于 $4mm^2$ 的多股铜线和接地铜排相连。等电位接地铜排用截面积不小于 $50mm^2$ 的铜缆与保护室等电位接地网相连。

17.1.9 就地配电装置至主辅控制楼或就地继电器室的二次电缆通道（主沟、支沟、金属导管）应使用截面积不小于 $100mm^2$ 的铜排（或铜绞线）（电缆沟内）或铜缆敷设与主接地网紧密连接的室外专用铜排（缆）。铜排（缆）敷设在电缆沟沿线单侧支架上，每隔适当距离与电缆沟支架固定并在保护室（控制室）、开关场的就地端子箱处与主接地网紧密连接。

17.1.10 开关场的就地端子箱内设置截面积不小于 $100mm^2$ 的等电位铜排，并使用截面积不小于 $100mm^2$ 的铜缆与电缆沟内的专用铜排（缆）或金属导管内的接地电缆（当端子箱附近无电缆沟时）相连，连通后的等电位网使用截面积不小于 $100mm^2$ 的铜排（缆）与端子箱就近的主接地网连接。

17.1.11 开关场的变压器、断路器、隔离开关和互感器等设备至就地端子箱的二次电缆屏蔽层应在就地端子箱处可靠单端接入专用铜排（缆）。电缆屏蔽层应使用截面积不小于 $4mm^2$ 多股铜质软导线可靠连接到接地铜排上。分相配置的开关操动机构的相间电缆屏蔽层应在汇控箱处可靠单端接入专用铜排（缆）。

17.2 选型制造阶段

对于新建换流站的户内地下部分的接地网和地下部分的接地引下线应采用铜

材，土壤中铜材料间或铜材料与其他金属间的连接须采用放热焊接，不得采用电弧焊接或压接。土壤具有强碱性腐蚀性时，换流站地下部分的接地网和接地引下线应采用铜或铜覆钢材料，铜覆钢材料的铜层厚度不小于 0.25mm。

【释义】为保证换流站户内地下部分的接地网和地下部分的接地引下线的连接可靠性，避免因腐蚀引起的接地失效，要求上述区域的接地材料采用铜或铜覆钢材料，且要求采用放热焊接，不得采用电弧焊接或压接。

17.3　基建安装阶段

无。

17.4　调试验收阶段

无。

17.5　运维检修阶段

应每 6 年对换流站接地网开展安全性多维度状态评估，至少包括接地网电气完整性、工频接地阻抗、跨步电位差、接触电位差、避雷线分流系数、腐蚀情况检测等，开展腐蚀情况检测时宜进行开挖检查，抽检接地网的腐蚀情况、土壤结构，交流场、直流场和换流器区域分别抽检 3～5 个点。其中接地引下线的腐蚀剩余导体面积不应小于 80%，且需满足热容量要求。土质疏松易塌陷、土壤酸碱度较大、降水较大且靠近重污染工业区域应每 3 年评估一次。铜质材料接地体地网整体情况评估合格的不必定期开挖检查。

【学习辅导】2020 年 8 月，某站地网开挖检查 8 处，其中 51B 构架接地电流最大达到 68A，接地材料腐蚀严重，扩大检查发现换流区接地引线腐蚀严重。

18 防止污闪事故

近年来，直流工程规划设计阶段暴露出的主要问题包括：

1）外绝缘设计裕度不足导致的闪络问题频发；

2）差异化设计不明显。

为防范上述问题，本章主要对污秽调查、外绝缘配置及设计选型、提高抗污闪能力综合措施、加强清扫工作等关键点进行了规范。

18.1 规划设计阶段

18.1.1 新建工程应开展污秽专项调查，并参照最新版污区分布图，充分考虑当地恶劣天气污秽等级、污秽类型、环境污染发展情况，按照"配置到位、留有裕度"的原则进行外绝缘配置。

> 【学习辅导】某运行年限较长换流站外绝缘设计中，由于初设时没有充分考虑直流设备外绝缘裕度，加上周边工业发展导致现场运行环境污秽水平不断加剧，最终使得部分设备外绝缘强度不够。在恶劣的条件下，一旦外绝缘部分破坏，其余部分不能完全保证设备的安全运行。恶劣天气下，不断出现污闪放电现象。

18.1.2 应避免局部防污闪漏洞或防污闪死角，如输、变电结合部，不同污区相邻区段等。

18.1.3 设备外绝缘应按污耐压法进行校核（考虑当地污秽类型）。校核不满足要求的可采取喷涂防污闪涂料措施，必要时加装防污闪辅助伞裙。避雷器不宜单独加装辅助伞裙，宜将辅助伞裙与防污闪涂料结合使用。

18.1.4 中重污区换流站外绝缘配置困难的宜复合化，包括支柱绝缘子、空心绝缘子，以提高外绝缘水平。线路用悬垂串宜选用复合绝缘子（重冰区除外），或通过技术经济论证，选用外伞型绝缘子。耐张串宜选择大爬距盘型绝缘子。

18.1.5 新建直流工程在规划设计阶段应明确控制保护设备室、换流阀及阀控系统等设备安装环境的洁净度要求，在设备室内开展可能影响洁净度的工作时，应提前制定设备密封防护措施。

18.1.6 覆冰地区外绝缘设计应采用加强绝缘、V型串、八字型、不同盘径绝缘子组合等形式，通过增加绝缘子串长、阻碍冰凌桥接及改善融冰状况下导电水帘形成条件，防止冰闪、雪闪事故。

【学习辅导】2008年1月29日，我国南方地区先后出现历史罕见的低温、持续雨雪冰冻天气，某±500kV直流工程发生单极冰闪故障2次。分析故障原因为合成绝缘子上形成覆冰，伞裙间存在冰凌桥接现象，同时该区域为重污区，覆冰污秽较重，故障时间为中午气温较高时，覆冰开始融化，本身表面伞裙较小、过密，且存在伞形被桥接情况，融冰水极易形成泄漏通道，导致有效距离大幅度减小，耐受电压大幅度降低，最终发生闪络。

18.1.7 直流设备外绝缘设计时应考虑足够的裕度，采取优化伞间距、选择合适伞形、加装辅助伞裙等措施，避免运行中发生雨闪。

【学习辅导】2019年9月，受台风"玲玲"影响，某±500kV换流站间歇性强降雨导致极Ⅰ平波电抗器直流场侧套管雨闪。

18.2 选型制造阶段

18.2.1 加强绝缘子全生命周期管理，全面规范绝缘子选型、招标、监造、验收及安装等环节，确保使用伞形合理、运行经验成熟、质量稳定的绝缘子。

18.2.2 超大爬距的瓷绝缘子选择困难时可采用复合支柱或复合空心绝缘子替代，也可采用瓷绝缘子喷涂防污闪涂料作为有效设计,空心绝缘子不宜降低伞间距。

18.2.3 一次设备均压环设计时,要校核设备高压端对地以及均压环安装后的外绝缘有效爬距,防止爬距不足导致均压环闪络放电。

【学习辅导】2009 年 2 月,某±500kV 换流站极 I 直流极母线差动保护动作闭锁,检查极母线直流分压器绝缘子表面有两处放电痕迹,均压环有三处击穿小孔,分析认为直流分压器均压环结构设计不合理、均压环顶部盖板存在遮挡使得外绝缘受湿不均,导致运行中发生闪络。

18.3 基建安装阶段

18.3.1 新建高压室应配置空调用以控制温/湿度,高压室应做好密封措施,通风口不用时应处于关闭状态,防止设备受潮及积污。运行中的高压室应采取防潮防尘降温措施,必要时可安装空调。

18.3.2 控制保护设备室、换流阀及阀控系统安装环境未达到洁净度要求前,不应开展设备的安装、接线和调试。开展可能影响洁净度的工作时,应落实设备密封防护措施。当施工造成设备内部受到污秽、粉尘污染时,应清洁并经测试正常后方可使用;如污染导致设备运行异常,应整体更换设备。

18.3.3 瓷或玻璃绝缘子在现场涂覆防污涂料时,应加强施工、验收、现场抽检各个环节的管理。

18.3.4 盘形悬式瓷绝缘子安装前现场应逐个进行零值检测。

18.4 调试验收阶段

无。

18.5 运维检修阶段

18.5.1 外绝缘配置不满足运行要求的输变电设备应采取增加绝缘子片数、更换防污绝缘子、涂覆防污闪涂料、更换复合绝缘子、加装辅助伞裙等防污闪治理措施。

18.5.2 输电设备外绝缘爬电比距不符合污区分布图时,应制定调爬计划并纳入防污特殊区段进行管控,在污闪易发期前完成调爬;无法按时完成调爬或受条件限制不能调整爬距的,应加强巡视和清扫,防止污闪事故的发生。

18.5.3 出现快速积污、长期干旱或外绝缘配置暂不满足运行要求、且可能发生污闪的情况时,可紧急采取带电水冲洗、带电清扫、直流线路降压运行等措施,降低污秽闪络风险。

18.5.4 运行阶段换流站室外设备防污闪管理重点如下:

1)污区等级处于直流 C 级及以上的换流站直流场户外瓷绝缘子宜喷涂防污闪涂料;

2)未喷涂防污材料的户外瓷质直流场设备宜在投运第一年利用停电机会完成喷涂工作。已喷涂防污闪涂料的绝缘子应每年进行憎水性检查,憎水性下降到 5 级时应考虑重新喷涂;

3)雨雪、浓雾等恶劣天气情况下,应增加对户外穿墙套管、支柱绝缘子、直流分压器等设备的巡视频次,利用红外测温和紫外检测等手段,密切关注设备外绝缘状态,若发现严重放电、闪络现象,应及时申请降压运行或停运;

4)运维单位应充分利用停电机会,开展设备清扫,减少设备运行时的积污程度。超过 1 年未清扫的,应每季度对污秽程度进行评估,对不合格的应立即安排清扫。运行超过 3 年的防污闪涂料,每次检修时要检查有无起皮、龟裂、憎水性丧失等现象,如发现上述现象应及时安排复涂;

5)认真开展室外设备等值盐密和灰密测试工作,密切跟踪换流站周围污秽变化情况,据此及时调整所处地区的污秽等级,并采取相应措施使设备爬电比距与所处地区的污秽等级相适应。

【学习辅导 1】2007 年 2 月,某 ±500kV 换流站极 I 直流线路避雷器闪络引起极母线差动保护动作闭锁。大雾和细雨附着在外部绝缘伞裙上,并与污秽混合形成表面导电路径,在运行电压作用下,该避雷器表面混合污秽引起表面爬电,差动保护动作。

【学习辅导2】2013年4月，某±500kV换流站极Ⅰ平波电抗器套管外绝缘雨闪放电导致极闭锁。由于套管伞裙间距较密，雨水在伞裙间形成水帘，水帘越长，伞间剩余空气间隙则越短，最终空气间隙被逐个击穿，导致整个套管闪络。

18.5.5 结合换流站停电检修，应定期清扫阀塔内部件，包括电阻、电容、电感、晶闸管及其冷却器、防火隔板、水管、光纤盒、悬吊螺杆、工作平台、屏蔽罩等设备，并需擦拭均匀，保证阀塔内电位分布均匀，防止污秽造成部件表面绝缘下降。

18.5.6 恶劣天气前后应加强设备的巡视，采用红外热成像、紫外成像等手段检查设备放电情况，发现异常放电时应进行风险评估，必要时申请降压运行或停电处理。对于水泥厂、有机溶剂类化工厂附近的复合外绝缘设备，应加强憎水性检测，确认设备防护能力。

18.5.7 发生山火后，应对设备进行全面检查，发现设备受损及绝缘子积污情况时应尽快消除隐患。

18.5.8 对于绝缘子上方金属部件严重锈蚀导致可能造成绝缘子表面污染以及绝缘子表面覆盖藻类与苔藓等可能造成闪络的情况，应及时采取措施进行处理。

18.5.9 发现防污闪涂料出现起皮、脱落、龟裂等现象时，应及时采取复涂或更换等措施。

18.5.10 线路通道存在大型污染源（含快速积污）、沿海地区（海岸线10公里以内）以及直流D级污区，宜安装输电线路污秽在线监测装置，以方便分析设备积污规律和预判积污发展情况。

19 防止主通流回路接头发热

2014年6月1日至9月9日，8座特高压换流站先后因主通流回路设备接头发热问题停运9次，严重影响特高压直流系统可靠运行，需对直流通流回路温升抑制措施展开研究，制订相关设计及施工要求，有效限制直流通流回路温升。为防范上述问题，本章重点对通流回路接触面载流密度、回路接头安装工艺等关键点进行规范。

注：本节所规定的主通流回路主要包括交流区域（从交流场出线至换流变压器网侧套管）、阀厅区域（从换流变压器阀侧套管至直流穿墙套管阀厅内侧）、直流场区域（从直流穿墙套管阀厅外侧至直流线路/接地极线路，不包括直流滤波器）。

19.1 规划设计阶段

19.1.1 新（改、扩）建工程直流主通流回路接头接触面载流密度应有足够的设计裕度，防止载流密度过大导致设备接头过热。1.1p.u.过负荷电流不大于5500A时，控制标准如下：

1）铝板–铝板接触面电流密度不大于0.0936A/mm²；

2）铜板–铜板接触面电流密度不大于0.12A/mm²；

3）铜板镀银–铝板镀锡接触面电流密度不大于0.12A/mm²；

4）铜板–铜铝过渡–铝板接触面电流密度不大于0.10A/mm²；

5）铜棒镀银–铸铝抱夹镀锡接触面电流密度不大于0.12A/mm²。

19.1.2 新（改、扩）建工程直流系统1.1p.u.过负荷电流大于5500A时，直流主通流回路设备端子板和金具接触表面应选用铜、铜镀银或铝镀锡材质。1.1p.u.过负荷电流5500A～7000A时，控制标准如下：

1）铝板–铝板接触面电流密度不大于0.07488A/mm²；

2）铜板–铜板接触面电流密度不大于0.0936A/mm²；

3）铜镀银–铝镀锡接触面电流密度不大于 0.0936A/mm²；

4）铜板–铜铝过渡–铝板接触面电流密度不大于 0.08A/mm²；

5）铜棒镀银–铸铝抱夹镀锡接触面电流密度不大于 0.0936A/mm²。

【学习辅导】2014 年 7 月 16 日，某站直流极母线隔离开关动触头基座软连接处发热，最高温度达到 150.2℃（双极功率 8000MW，环温 32℃）。该隔离开关动触头基座软连接处的载流密度远大于 0.0936A/mm²，通过 U 形弯板将连接部位剩余两面相连，载流密度降低为原来的一半（如图 19–1、图 19–2 所示）。

图 19–1　改造前　　　　　图 19–2　改造后

19.1.3　铜铝过渡线夹应采用铜铝过渡板或覆铜过渡片，不应采用铜铝对接焊接形式。

【学习辅导】2014 年 3 月 16 日，某站极 Ⅰ 直流滤波器 Z2（HP12/24）电容器塔不平衡 CT 放电，现场检查发现该接线线夹断裂，该接线线夹为铜铝过渡接线线夹，采用铜铝对接焊接方式，断裂处为铜铝过渡接触面，后续将同类线夹均更换为全铜接线线夹（如图 19–3 所示）。

 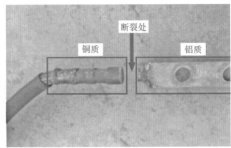

图 19–3　铜铝过渡接线线夹断裂

19.2　选型制造阶段

无。

19.3　基建安装阶段

19.3.1　新（改、扩）建工程设备安装阶段，施工单位应对主通流回路接头逐一建立档案，施工过程中应严控接头清洁和导电膏（医用凡士林）涂抹工艺，螺栓按 100% 力矩紧固到位并画线标记。安装完毕后应测量接头直阻并按照 100% 力矩复查，记录初始值并留存，同时用不同颜色记号笔重新画线标记。

【学习辅导】2014 年 7 月 24 日，某站极 I 低端 Y/D−B 相换流阀与并联避雷器软连接接头发热至 143℃（满负荷 7200MW 运行）。停运后检查接头表面导电膏有干结、粉化现象，该接头直阻达到 15μΩ。经打磨处理后，重新测量直阻为 1μΩ，红外测温为 42.6℃。分析发热原因为导电膏涂抹过后产生干结导致接触电阻增大（如图 19−4 所示）。

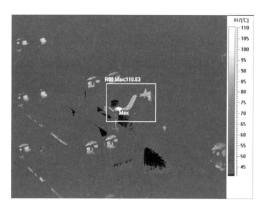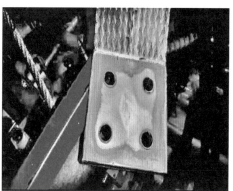

图 19−4　接触面导电膏老化

19.4 调试验收阶段

19.4.1 新（改、扩）建工程验收时应核查主通流回路接头档案，确保工艺要求和技术参数合格，运维单位应对主通流回路接头进行力矩和直阻测试。按照 100%力矩复验，复验后用不同颜色的记号笔画线标记，且不得与安装阶段的标记线重合。

19.4.2 验收时接头直阻按如下标准执行：

1）交流场接头直阻应不大于 20μΩ，且三相偏差不超过 10μΩ；

2）直流场接头直阻应不大于 15μΩ，且两极偏差不超过 5μΩ；

3）阀厅接头直阻应不大于 10μΩ。

19.4.3 金具支撑结构与导电体应严格进行绝缘处理，同时采用等电位装置可靠连接，防止产生悬浮放电。

【学习辅导】2016 年 4 月，某站站系统调试期间，换流阀引线金具出现悬浮放电，检查发现金具转换部位漏装等电位线，支撑绝缘子悬浮放电，加装等电位线后电晕消除（如图 19-5 所示）。

图 19-5 等电位线缺失

19.5 运维检修阶段

运维单位应对站内主通流回路设备、接头等通流回路定期进行红外测温，发现过热应及时处理。

20 防止火灾事故

近年来，在运直流换流站发生数起换流变压器火灾事故，造成设备烧损及阀组停运，严重影响特高压直流系统可靠运行。为防范上述问题，本章重点对换流站灭火能力、防火能力、消防设施可靠性、消防材料选型等关键点进行了规范，提出了降低火灾风险、缩小火灾规模、保障灭火能力、防止火灾蔓延等方面的防范措施。

20.1 规划设计阶段

20.1.1 根据换流站址公共消防资源配置、火灾应急处置能力、地区自然气象等条件，选择适合工程的消防系统设计方案。按照消防设计典型方案，从降低设备故障、快速灭火、可靠防止火灾扩大三个方面采取措施。

20.1.2 换流站消防设计应确保能扑灭单台最大容量换流变压器爆燃火灾，消防水、泡沫液等灭火介质存储容积等应满足连续不间断灭火要求，给水量应满足固定消防设施和消防救援力量同时使用。

20.1.3 消防给水系统应为独立系统，消防用水若与其他用水合用时，应保证在其他用水量达到最大流量时消防系统的水压和用水量等满足消防系统要求。

20.1.4 消防设施应统一实时控制和监测，消防泵及消防稳压泵电源失电监测、启停信号、消防水池液位等信号应送至换流站监控系统或消防自动化系统。

20.1.5 消防泵、消防稳压泵的双电源回路宜直接从交流配电屏不同母线段引接，避免串接入其他开关，降低故障概率。

20.1.6 消防系统设备、压力管道、阀门、屏柜等应根据地域特征采取防冻、防潮、防风沙、防紫外线和防高温等措施。消防管网埋深应位于冻土层以下，防止冻胀拒动；寒冷地区泵房及雨淋阀室应配置保温设备和环境监测系统，低温告警信号应上传至换流站监控系统，保证最低工作温度，防止系统误动。

【学习辅导】2020 年 3 月，某站因综合管沟温度过低，发生湿式消防管网结冰、蝶阀冻裂情况，导致给水系统出现功能失效。加强消防设备状态监测有利于及早发现设备运行风险，避免因误动导致主设备跳闸，因拒动导致无法进行灭火处置。

20.1.7 换流站综合水系统管道、消防管道宜采用管沟或隧道方式敷设，便于日常维护检修。

20.1.8 换流变压器集油坑应具备双层格栅，鹅卵石下方空间能容纳变压器油量的 20%。

20.1.9 阀厅钢板芯材及屋面板芯材应选用不燃材料，严禁使用聚氨酯发泡材料。

20.1.10 当设备或管线穿过阀厅墙面时，开孔封堵应满足以下要求：

1）阀厅防火墙上的换流变压器、油浸式平波电抗器套管开孔应待套管安装完毕后采用复合防火板进行封堵，复合防火板结构耐火极限能力应满足烃类火（碳氢火）3h 及以上；

2）阀厅与控制楼之间墙体上的管线开孔与管线之间的缝隙应采用满足电力火灾 3h 耐火极限要求的防火封堵材料封堵密实；

3）换流变压器阀侧套管封堵系统应具备防爆措施，防止换流变压器故障爆燃破坏防火封堵。同时应具备防涡流措施，防止形成异常发热现象。

【释义】2018 年以来，换流站发生多起换流变压器爆燃起火事故，由于伴随爆炸冲击，阀厅封堵均发生不同程度的破坏，影响波及阀厅设备，需要对加强封堵设计，提升防爆及耐火能力。

【学习辅导】2019 年 9 月 30 日，某换流站低端 Y/Y-B 相换流变压器阀侧尾端套管穿墙位置温度达到 104℃，分析过热原因为在大电流运行情况下，封堵金属面形成涡流，因等电位线外皮破裂与卡箍接触，等电位线铜缆与金属面板形成并联回路，涡流集中流过等电位线，产生局部过热现象。

20.1.11　应在换流变压器隔声罩（Box–in）内侧和外侧对网侧套管升高座设置单独的喷头保护，管道接入对应换流变自动喷雾管道。换流变压器网侧套管升高座与顶部隔声罩吸隔声板应留有一定间隙，防止产生涡流。

【学习辅导】2019 年 9 月，某站换流变压器阀侧尾端套管穿墙位置温度达到 104℃，分析过热原因为在大电流运行情况下，封堵金属面形成涡流，因等电位线外皮破裂与卡箍接触，等电位线铜缆与金属面板形成并联回路，涡流集中流过等电位线，产生局部过热现象。

20.1.12　换流变压器间隔内水/泡沫喷雾灭火系统的管道、喷头等部件以及换流变压器上方阀厅挑檐处布置有压缩空气泡沫消防炮等部件的应采取有效的防火措施。

【释义】换流变压器火灾规模大、温度高，换流变压器区域消防设施及部件应加强防火能力，可提升消防系统运行可靠性，保障火灾处置效率。

20.1.13　直流换流站宜视情况装设换流变压器应急排油系统，事故时可将变压器油从火灾区域排出，降低火灾规模。

【释义】换流变压器一般含油量在 100t 以上，当发生火灾时，大量变压器油在换流变压器区域长时间持续燃烧将对阀厅封堵、相邻换流变压器等毗邻设施造成严重影响。新增应急排油系统可短时内将变压器油转移至远端事故油池，可有效降低火灾规模，防止火灾扩大。

20.1.14　当换流变压器区域采用压缩空气泡沫灭火系统时，新建站应配置压缩空气泡沫喷淋管喷淋灭火系统和压缩空气泡沫消防炮灭火系统共同保护换流变压器，在运站可根据站内实际条件选择增设压缩空气泡沫喷淋管灭火系统或压缩空气泡沫消防炮灭火系统。

【释义】换流变压缩空气泡沫灭火系统采用前端主机发泡，不依赖末端释放装置进行发泡，具有良好的抗爆炸冲击能力，对换流站大型充油设备爆燃火灾具有显著的适应性。

20.1.15　设计阶段应对换流站周边公共消防力量、换流站消防设施配置情况、固定式灭火系统最大持续工作时间、火灾风险隐患情况等因素进行综合评估，对于整体消防能力不足的站点宜配置驻站消防队及举高消防车等，提升应急处置能力。

20.2　选型制造阶段

20.2.1　消防系统主要设备应通过国家认证，产品名称、型号、规格应与认证证书一致。尚未制定国家标准、行业标准的消防设备应具备技术鉴定证书和检验报告，产品名称、型号、规格应一致。

20.2.2　消防系统供货厂家负责提供运行使用和维护手册，明确系统集成方案之间的协同效应、措施之间的配合逻辑与时序关系，便于维护检修。

20.2.3　换流站应结合地域特征，针对消防设备、材料采取防冰冻、雨雪、风沙、紫外线和高温等恶劣天气的具体措施，满足极端天气可靠运行。

20.3　基建安装阶段

20.3.1　消防管道埋深符合设计要求，消防管道安装完毕后，应进行冲洗并完成强度试验、密封试验，试验合格后方可填埋并做记录。

20.3.2　管道强度试验和密封性试验应用水作为试验介质，干式喷水灭火系统、预作用喷水灭火系统应做水压试验和气压试验。试验用水宜采用生活用水，不得使用海水或含有腐蚀性化学物质的水。

20.4　调试验收阶段

20.4.1　核查泵房、雨淋阀室、泡沫间等防寒措施完备，工作稳定。

20.4.2 应检查消防系统设计报告、设备资料、系统及组部件试验报告齐全，设备运行正常，防冻、防潮、防风沙、防紫外线和防高温措施完备。

20.4.3 消防器材数量配置应符合相关标准要求，检验合格并应在有效期内，标识明显。

20.4.4 应编制消防系统验收试验方案，进行操作技术培训，供货、施工和运行人员参与调试，调试报告完整、记录清晰。验收合格后方可投入使用。

20.5 运维检修阶段

20.5.1 消防系统设备故障、管道破损等影响消防系统运行的问题应及时处理，保证消防系统持续正常运行。

20.5.2 应加强寒冷地区消防系统检查频次，检查充水或消防介质的管道防冻保温措施完好有效，雨淋阀室等保温效果良好；一般地区做好管道保温、雨淋阀室保温应急措施，保证消防系统低温可靠运行。

> **【学习辅导】** 2021 年 1 月，某站运行人员对全站消火栓进行两次排水试验，发现 32 个消火栓中有 14 个无水排出、2 个冻裂、2 个盖板冻死无法使用。

20.5.3 换流站应根据消防法规规定和实际情况，定期开展消防联合演习。

20.5.4 换流站换流变压器广场划分火灾安全处置区，明确人员活动及消防车进出方式，防止换流变压器火灾后架空导线熔断跌落伤人。

20.5.5 换流站应定期进行主消防系统试喷试验，对于泡沫喷雾系统，可进行喷水试验，并应对系统所有组件、设施、管道及管件进行全面检查。

21 防止环境污染事故

换流站作为特殊的工业设施，由此引发的相关环境问题越来越受到各方重视，目前换流站环境污染问题主要集中体现在以下方面：

1）噪声和电磁环境纠纷问题突出；

2）换流站工业废水治理标准与最新的环境监管要求不适应。

为防范上述问题，本章重点对换流站选址、噪声防治、污水处置、固体废弃物处置等关键点进行了规范，提出了防范噪声超标、电磁环境超标、污水外溢、危险废物处置不当等方面防止环境风险的措施。

21.1 规划设计阶段

21.1.1 换流站选址应符合国家有关政策法规以及所在区域城乡总体规划和工业布局等方面的要求。新建换流站宜设置噪声控制区，并确保厂界噪声和敏感点噪声全部达标，应避开康复疗养区、居民集中区域、医院、学校等声环境敏感区，不宜在声环境功能区 0 类、1 类区内新建换流站。

【释义】按照《声环境质量标准》（GB 3096—2008），康复疗养区属于 0 类声环境功能区，该区域要求昼间噪声不超过 50dB（A），夜间不超过 40dB（A）；居民集中区域、医院、学校属于 1 类声环境功能区，该区域要求昼间噪声不超过 55dB（A），夜间不超过 45dB（A），换流站规划选址阶段，应尽量避开 0 类、1 类声环境功能区，避免后续居民投诉纠纷影响换流站建设与安全稳定运行。

21.1.2 换流站宜采用不低于 2.5m 的实体围墙，厂界噪声不达标时可适当增高围墙高度或在围墙上增设隔声屏障。隔声屏障（或围护）的设计强度应确保强风、地震等极限荷载作用下的安全。

> 【释义】换流站设计阶段，应仿真计算厂界噪声水平，对于厂界噪声不能满足《工业企业厂界环境噪声排放标准》（GB 12348—2008）的应适当增高围墙高度或者在围墙上增设隔声屏障，特别是交流滤波器场区附近围墙区域，其噪声水平较高且距离围墙较近。

21.1.3 换流站设备选型应优先选用低噪声设备，滤波电容器和电抗器应配置合理的降噪措施。

21.1.4 应根据设备噪声控制参数进行换流站全站声场建模和仿真，噪声预测模型应包括站内主要噪声源和建（构）筑物，同时考虑换流站竖向布置和周围地形对声波传播的影响，噪声预测结果应满足《工业企业厂界环境噪声排放标准》（GB 12348—2008）及《声环境质量标准》（GB 3096—2008）的要求。

21.1.5 换流站总平面布置设计应利用阀厅、备品备件库、GIS 室等建筑物的隔离作用，削弱设备噪声的远距离传播；主要噪声源设备宜低位布置，高噪声设备布置应远离敏感点。

21.1.6 换流站建筑物宜采用自然通风，减少风机数量；应选择低噪声风机或者分割通风单元降低风机噪声。

21.1.7 设备隔声屏障距离主要声源的位置不宜超过 20m，无法布置的宜改用隔声罩（间）类的降噪措施或加高围墙。

21.1.8 换流站降噪设施不得影响消防功能，隔声顶盖或屏障设计应能保证外部消防水、泡沫等灭火剂可以直接喷向起火变压器。

> 【释义】换流变压器外隔声罩应增加可熔断设计，采用可熔断结构或可熔断材料，确保隔声罩顶部吸隔声板在高温起火情况下可自动熔断，避免因隔声罩阻碍消防灭火引起换流变压器事故。

21.1.9 换流变压器（油浸式平波电抗器）降噪装置应具备良好的通风性，避免影响本体散热效果。

【释义】换流变压器降噪装置应具备良好的通风性，保证换流变压器正常散热。某站换流变压器降噪装置采用密闭设计，仅在顶部留有通风百叶窗，在夏季满负荷运行的工况下，降噪装置内温度高于环境温度超过 10℃，严重影响换流变压器本体的散热效果。

21.1.10 降噪材料应满足在给定环境条件下稳定运行的要求，且应考虑温度、湿度、雨雪等气候因素影响。

21.1.11 换流站污水处置方式应遵循环评批复报告及当地法律法规，工业废水接入当地排水系统的，排水水质应满足当地污水处理规划要求，当存在污水直排受纳水体时，污水应达标外排。

21.1.12 换流站内污水排出口应高于站外接口标高，防止排水不畅，如不满足应设置提升装置。

21.1.13 换流站内直径 300mm 以上雨水排水管道应采用钢筋混凝土预制管，防止回填土沉降引起管道损坏、堵塞。

【学习辅导】某变电站排水系统800mm及以下管径采用PE双壁波纹管，2016年建设期间出现地面塌陷，开挖检查发现排水管变形损坏；2017年暴雨后 500kV、110kV 设备区排水管道损坏堵塞，雨水无法排出，主控楼积水、室内外电缆沟大量积水。

21.1.14 采用蒸发池的换流站，蒸发池设计容量应充分考虑雨水、春季化雪、站内空调系统、阀冷系统等制水装置的排放量。同时应满足最大降水条件下的废水贮存量，确保废水不外溢。废水蒸发池应进行防渗漏处理并装设围栏，设置警示标志，防止发生溺水。

21.2 选型制造阶段

21.2.1 换流变压器、平波电抗器、滤波电容、滤波电抗、冷却系统等设备出厂前应进行噪声检测，测试环境、测试条件、测试方法以及测点布置等按照相关标准或技术要求执行。

21.2.2 型式试验条件下，单台电容器单元噪声测试应注入所有噪声计算用谐波电流，直流滤波电容器噪声测试时应同时施加直流电压和谐波电流。

21.2.3 隔声屏障、隔声罩等降噪设施应符合国家和行业的有关规定，经行业认可的专业质检机构检测合格，确保在换流站的长期安全稳定使用。

21.3 基建安装阶段

21.3.1 降噪装置安装螺丝的咬合、卡扣的搭接应符合有关要求，连接件与紧固件应注意压紧与牢固，对安装过程中可能造成设备振动加剧的薄弱环节，应加强管理，确保设备安装牢固、稳定。金具、连接件应注意不要有划伤，以免加剧设备表面的电晕放电。

21.3.2 隔声材料安装施工时应避免出现孔洞缝隙漏声部位。

21.3.3 确保降噪措施拼装接口、螺栓固定件安装到位，防止松动。安装后确保设备内部无零部件遗留；导线应采用软连接方式，避免张力过大导致应力损伤。

21.3.4 设备隔声罩应便于安装、拆卸、设备操作和检修。隔声罩内应进行良好的吸声处理，隔声罩与声源设备不宜有刚性连接，防止罩体产生振动。

21.3.5 采暖通风、空气调节的消声措施应符合《工业建筑供暖通风与空气调节设计规范》（GB 50019—2015）及《火力发电厂与变电站设计防火标准》（GB 50229—2019）的规定。

21.3.6 Box-in 前端隔声板安装应与消防管道走向配合，放样预留隔声板开孔，安装时注意施工工序，避免管道安装后续影响隔声板施工。

21.3.7 排水管施工完毕应按照工艺要求进行回填土夯实，密实度应达到设计要求，减少后期沉降幅度，杜绝沉降造成管道损坏堵塞。

【学习辅导】某站排水系统 800mm 及以下管径采用 PE 双壁波纹管，2016年建设期间出现地面塌陷，开挖检查发现排水管变形损坏；2017年暴雨后500kV、110kV 设备区排水管道损坏堵塞，雨水无法排出，主控楼积水、室内外电缆沟大量积水。

21.3.8　检查确保污水提升及处理设施侧壁、事故油池等埋管封堵良好,避免污水渗漏。

21.4　调试验收阶段

21.4.1　调试阶段对不同运行工况的设备和厂界进行噪声测试,加强对设备噪声及厂界噪声数据的计算和分析,排除薄弱环节。

> 【释义】调试阶段,对于大负荷以及过负荷状态下的设备及厂界噪声进行详细监测,通过对比分析设备声压级及频谱数据,可有效评估设备在不同运行工况下的噪声水平,排除噪声薄弱环节,避免后续因设备振动噪声异常引起更大事故。

21.4.2　基于噪声实测数据,对换流站内外的声场分布水平进行有效评估,必要时调整噪声控制措施,确保换流站对周围环境的噪声影响控制在标准范围之内。

> 【学习辅导】某±800kV换流站开展噪声监测后,发现厂界噪声多处超标,基于噪声实测数据对换流站内外声场分布水平进行计算与评估后,采取在部分区域围墙处增设隔声屏障、冷却塔进出风口安装消声器等措施,采取噪声控制措施后,换流站厂界噪声达标。

21.4.3　大负荷运行状态下换流站厂界噪声排放满足《工业企业厂界环境噪声排放标准》(GB 12348—2008)的要求。同时确保换流站周围区域噪声符合《声环境质量标准》(GB 3096—2008)相应声功能区标准要求。

21.4.4　检查供水系统运行正常、水质检验合格。

21.4.5　编制排水系统启动调试方案,检查排水系统运行正常;试验污水提升泵坑内液位连锁自动启(停)泵等功能正常。核查污水处理装置工作正常,水质检验报告满足设计、环评批复及当地排放水质要求。

21.4.6　检查事故排油系统畅通,渗漏量要小于相关规范标准;检查事故油池无异物,调节功能正常,水质符合环评和设计要求。

21.4.7　换流站存在冷却水外排受纳水体时,外排冷却水磷酸盐、化学需氧量应达标;外排冷却水如作为农业用途时,外排冷却水磷酸盐、化学需氧量、全盐量（mg/L）、水温（℃）应达标。

21.5 运维检修阶段

21.5.1 定期对换流站噪声、工频电场、工频磁场、合成电场监测，及时发现异常情况，监测数据定期整理归档。

21.5.2 定期巡视隔声屏障、隔声罩等降噪设施的使用状态，检查有无破损、发霉等影响设备安全稳定运行的情况，检查确保设施固定完好，防止大风天气出现倒伏。

21.5.3 注意查看设备降噪材料（如吸音棉）的吸湿、吸水状态，检查橡胶有无老化、脆硬变质现象，全包裹或半包裹降噪设施有无碎屑，部分包裹式降噪设施有无掩盖设备漏油问题。

21.5.4 换流站改扩建、周边环境变化等因素造成的换流站内外声场分布改变或声环境质量标准升高，应重新对换流站的噪声影响进行评估，改造措施同主体工程同步完工。

【学习辅导】2020 年 6 月 24 日，对某±500kV 换流站扩建区域设备开展噪声监测，发现某出线 C 相高压电抗器噪声异常，最大测点声压级为 82.2dB（A），后经多次监测评估，确定该相高压电抗器振动与噪声异常，采取更换高压电抗器措施后，噪声监测数据正常。

21.5.5 定期检查确保站内外排水设施工作正常，确保排水系统畅通。

21.5.6 汛期前后，应检查房屋渗漏、设备设施基础倾斜及沉降、电缆沟积水、站内外排水系统情况，发现异常应及时处理。

21.5.7 汛期应开展污水提升泵启动试验，确保排水泵启动正常；大雨天气时，增加污水提升设施巡视频次，避免泵坑大量积水导致污水外溢。

21.5.8 应定期检查事故油池，防止受污染废水排出站外，必要时进行油水分离技术处理。

【释义】换流站换流变压器、站用变压器下铺设一卵石层，四周设有排油槽并与集油池相连。一旦设备发生事故时排油或漏油，所有的油水混合物将渗过卵石层并通过排油槽到达事故油池。事故油池设置有油水分离系统，经过油水分离后，排放废水的含油量可以控制在标准范围内。

21.5.9 消防系统启动后应检查泡沫灭火原料排放情况，及时清理泡沫遗留物。

21.5.10 定期监测污水处理装置出口水质、外排冷却水水质、蒸发池水质，必要时处理有害成分，防止引发环保事件。

21.5.11 换流站运行过程中产生的废矿物油、废铅蓄电池、废六氟化硫等危险废物，应按照相关国家法规、标准规范、公司管理规定进行安全处置，建立危险废物收集、暂存、转移管理台账。对于废（污）处理系统的污泥，以及检修、技术改造所产生的其他固体废物，应按相关国家法规、标准规范进行管理，并建立固体废物收集、处置管理台账。

21.5.12 应建立事故排油设施、污水处理设施和降噪设施等环境保护设施的运行、检修管理台账，并纳入生产管理中进行定期检查检修维护，保证环境保护设施运行状态良好。

22　防止误操作事故

相较变电站，换流站运行方式复杂，倒闸操作任务重、过程繁琐、技术难度大，一旦误操作造成直流停运，将对系统带来较大冲击。为防范上述问题，本章重点提出防范操作顺序错误、误整定、事故处理时操作不当造成事故扩大等方面的措施。

22.1　通用措施

22.1.1　直流输电系统运行方式及方式转换操作应经系统调试验证,若涉及未经调试的运行方式或方式转换操作时，应及时汇报调度说明情况，并给出明确运行建议。

> 【学习辅导】2022 年 2 月 2 日，某站以单极降压方式启动极 II 直流系统，因调度下令解锁功率与控保程序设计最小解锁功率存在偏差无法启极。工程系统调试时未进行该运行方式验证。

22.1.2　顺控自动操作无法执行时，应暂停操作，待查明原因并消除异常后恢复顺控自动操作；如异常暂时无法消除，应分析清楚联闭锁关系和存在的操作风险，汇报值班调度人员后返回初始状态重新顺控操作或继续遥控步进操作。

> 【学习辅导】2014 年 5 月 14 日，某直流工程在进行大地回线转金属回线操作过程中，因设备原因顺控操作自动操作无法执行改为步进操作，由于顺控和步进操作方式下的联闭锁关系不一致，某站在未合上站内接地刀闸的情况下，断开站外接地极，导致直流失去接地点，接地极线开路保护 II 段动作，闭锁直流。

22.1.3 接地极线路电流大于限制值时，严禁以站内接地点代替站外接地极运行。

22.1.4 为防止双极大地回线开路或单极金属回线无接地点运行，站内接地点/站外接地极转换过程中应按照"先接后断"的顺序，先并列运行，后断开一路接地点。

22.1.5 若柔性直流输电系统换流变阀侧中性点接地电阻配置并联旁路开关，送电操作前应确保该开关处于分位。

22.2 防止一极运行另一极检修（调试）时误操作

22.2.1 双极直流输电系统单极停运检修时，禁止操作双极公共区域设备，禁止合上停运极中性线金属回线隔离开关、大地回线隔离开关。

【学习辅导】2005 年 2 月 5 日，某直流极 I 单极大地方式运行，某站进行极 II 直流场设备验收时，就地合上极 II 直流场极中性线隔离开关（安措设备），因极 II 中性母线开关振荡回路电容上接地线未拆除，双极中性线区域站接地过流保护动作导致极 I 闭锁。

22.2.2 特高压直流输电系统极内一个换流器运行、另一换流器检修（调试）时，检修（调试）换流器旁路开关两侧隔离开关应处于拉开状态，禁止在检修的换流器旁路区域隔离开关设备上开展工作。

22.3 防止设备故障处理时误操作

22.3.1 直流控制保护系统的故障处理应在确保冗余系统运行正常条件下开展，故障系统处理前应切换至"备用状态并禁止系统切换"或"试验""退出"状态，同时还应退出相应出口压板（若有）或挑开出口端子。

【学习辅导】2011 年 11 月 20 日，某站在退出极 I PCPB 系统进行软件升级时，极 I PCPB 柜内反映极 I PCPA 系统无严重故障的 K403B 继电器接触不良，系统误认为双套系统处于不可用状态，闭锁极 I。

22.3.2 运行人员工作站设置的保护软压板、无功死区定值（重要参数）等在冗余控制保护主机重启后可能发生重置，冗余控制保护主机重启后，运行人员应在运行人员工作站上检查并重新投入相关保护软压板、设置相关定值（重要参数）。

【学习辅导】2021年4月9日，某直流工程进行安控装置带电传动试验期间，因某站年度检修期间双套控制系统同时重启，主机内部参数发生重置，安全稳定控制软压板自动退出，运行人员操作前未进行软压板状态核查，频率协控系统向某站发出提升直流功率命令未执行。

22.3.3 直流控制保护系统故障处理完毕后，将主机由"备用状态并禁止系统切换"或"试验""退出"状态恢复至"备用"或"运行"状态前，必须检查确认该系统不存在故障及出口信号。

【学习辅导】2004年8月8日，某站在退出极Ⅱ PCPB系统进行主机故障处理后，运维人员未检查保护出口信号，在将极Ⅱ PCPB系统从"测试"状态恢复至"运行"状态时，事件记录发"过激磁保护动作闭锁直流"信号，造成极Ⅱ停运。

22.3.4 对于设计有跳闸压板的直流保护，在投入跳闸压板前，应测量检查压板两端对地电压无异常，完成后立即投入压板，中间不得穿插其他操作，确保压板投入操作不会导致保护误出口。

22.4 防止误"置位"、误"整定"

22.4.1 高压直流输电系统运行时禁止控制保护系统"置位"操作，以防误"置位"破坏联锁关系导致设备损坏或停运事故。因检修或调试工作需在控制保护系统的软件中进行"置位"时，需履行审批手续，运行人员应现场监督并与作业人员共同确认"置位"的装置地址、信号名称等关键信息，检修或调试结束后，应通过重启主机等方式清除全部"置位"，检查确认参数、定值已恢复正常。

【学习辅导】2015 年 7 月 26 日，某站因交流电压扰动导致换相失败，单元Ⅱ由于直流保护装置不能正常输出发生持续换相失败，原因为停电检修期间进行软件置位后未及时恢复。

22.4.2　高压直流输电系统升降功率前应确认功率设定值不小于当前系统允许的最小功率，不能超过当前系统允许的最大功率限制。

【学习辅导】2006 年 1 月 14 日，某站执行功率计划曲线将双极直流功率由 376MW 降至 276MW，输入功率整定目标值 276MW，小于直流控制系统额定电压下最小负荷 300MW，直流控制系统发出停运信号，双极闭锁。

22.4.3　高压直流输电系统降压、换流器或极停运等操作前，应检查当前直流功率水平满足方式转换后直流系统要求，避免在运系统过负荷。换流器在线投入、一极运行另一极解锁或有功控制方式发生变化前，应检查当前直流功率水平不得小于解锁或运行方式变化后系统允许的最小功率。

22.4.4　高压直流输电系统运行方式变化时（例如阀组故障闭锁或正常停运），应检查自动功率曲线目标值满足方式变化后直流系统允许功率值。使用自动功率曲线功能自动调整直流功率时，功率调整前后，运行人员应密切监视功率变化，确认功率调整与调度计划一致；若功率调整过程中出现异常，应立即暂停功率升降并退出自动功率曲线功能，改为手动操作进行功率调整。

22.4.5　孤岛模式下的柔性直流换流站运行期间，直流最大输送功率应不大于换流器额定容量或可投入的耗能装置容量。